普通高等教育“十二五”规划教材（高职高专教育）

机械工程材料

主　编　杨　霞　张爱滨
副主编　白雪银
编　写　焦　健
主　审　孙　敏

中国电力出版社
CHINA ELECTRIC POWER PRESS

内 容 提 要

本书为普通高等教育“十二五”规划教材（高职高专教育）。本书共十一章，主要内容包括机械工程材料概论、金属材料的性能、金属的晶体结构与结晶、金属的塑性变形与再结晶、合金的晶体结构与结晶、铁碳合金、钢的热处理、碳素钢、合金钢、铸铁、新型材料。为了提高学生的创新思维能力和实际操作能力，本书在部分章节中增加了实验环节。

本书可作为高职高专院校机械类专业机械工程材料的教材，也可供相关专业工程技术人员参考。

图书在版编目（CIP）数据

机械工程材料/杨霞，张爱滨主编. —北京：中国电力出版社，2012.7

普通高等教育“十二五”规划教材. 高职高专教育

ISBN 978-7-5123-3268-3

Ⅰ.①机… Ⅱ.①杨…②张… Ⅲ.①机械制造材料-高等职业教育-教材 Ⅳ.①TH14

中国版本图书馆 CIP 数据核字（2012）第 151625 号

中国电力出版社出版、发行

（北京市东城区北京站西街 19 号 100005 http://www.cepp.sgcc.com.cn）

北京市同江印刷厂印刷

各地新华书店经售

*

2012 年 8 月第一版 2012 年 8 月北京第一次印刷

787 毫米×1092 毫米 16 开本 8.5 印张 204 千字

定价 **16.00** 元

前言

随着我国国民经济和科学技术的迅速发展，高等职业技术教育不断兴起，为适应高等职业技术教育教学内容和课程体系的要求，培养高等技术应用型人才，编者组织编写了本书。本书采用最新国家标准，结合科学技术的最新成果，同时充分考虑目前教学对象的要求，对教材内容和结构进行了相应的调整和补充，减少了高深的理论知识，增强了教材的适用性和实用性，使教材的内容更加规范，使用更加灵活、方便。

机械工程材料是材料科学与工程一级学科专业的一门专业技术课程，是全面介绍金属材料的成分、热处理工艺、组织结构与性能之间关系的一门课程，它对金属材料的研究、应用和发展起着重要作用。

本书共十一章，主要内容包括机械工程材料概论、金属材料的性能、金属的晶体结构与结晶、金属的塑性变形与再结晶、合金的晶体结构与结晶、铁碳合金、钢的热处理、碳素钢、合金钢、铸铁、新型材料。为了提高学生的创新思维能力和实际操作能力，本书在部分章节中增加了实验环节。

本书由内蒙古化工职业技术学院杨霞、张爱滨任主编，白雪银任副主编，焦健参加编写。

本书由包头职业技术学院孙敏教授主审，提出了宝贵的意见和建议，在此表示感谢。

在本书的编写过程中，得到内蒙古化工职业技术学院张剑峰、殷刚老师的大力帮助，在此，谨向他们表示衷心的感谢。

编　者

2012 年 5 月

目 录

第一章　机械工程材料概论

第一节　材料的定义

材料是人类用来制作各种产品的物质。机械工程中使用的材料常按化学组成分为金属材料、高分子材料和陶瓷材料三大类。

目前，在机械工业中应用最广的仍是金属材料，因为金属材料来源丰富，而且具有优良的力学性能、物理性能、化学性能和工艺性能。

金属材料的特性有强度较高、塑性较好、导电性高、导热性好、有金属光泽等。高分子和陶瓷材料的某些力学性能不如金属，但具有金属材料不具备的某些特性，如耐腐蚀、电绝缘、隔音、减振、耐高温、质轻、来源丰富、价廉、成形加工容易等优点，近年发展较快。

材料性能的决定因素包括化学成分、内部组织和状态。其中，化学成分是改变性能的基础，热处理是改变性能的手段，组织是性能变化的根据。

材料是能为人类制造有用器件的物质。金属、陶瓷、塑料、玻璃、纤维、木材、砂子、石子、复合材料等都属于材料的范畴，如图1-1所示。

图1-1　材料——能为人类制造有用器件的物质

第二节　材料科学与人类文明

材料科学与人类文明的关系密切，可以说，人类的衣、食、住、行均离不开它。

一、材料发展概括

(1) 石器时代：用自然石、兽骨、树枝当工具，如图1-2所示。

(2) 陶器时代：用泥巴做工具（日晒→原始陶器；火烧→瓷器用具），如图1-3所示。

(3) 铜器时代：从矿石中提炼铜——冶金业的黎明，如图1-4所示。

图1-2　石器

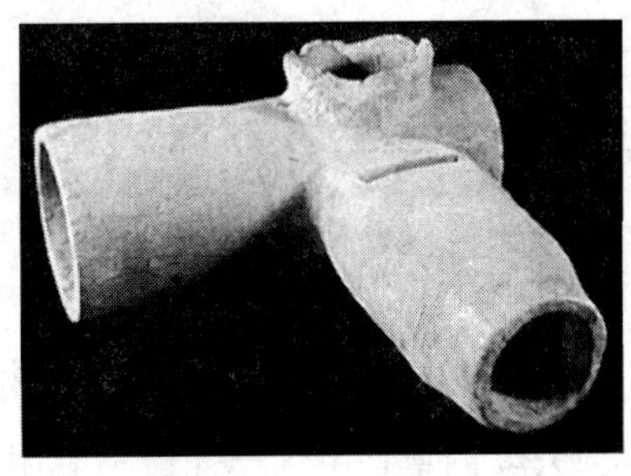

图1-3　陶器

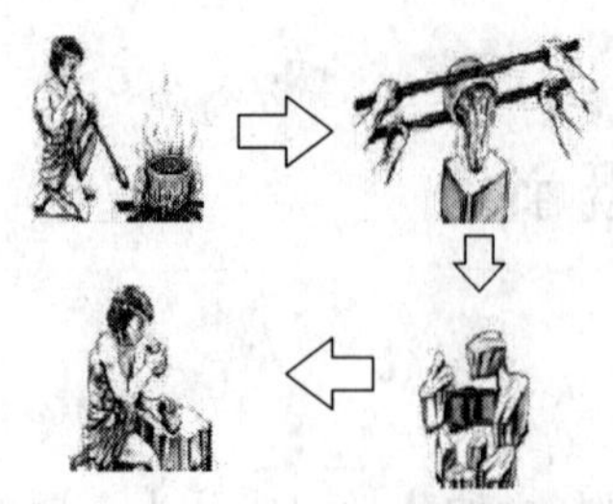

图 1-4 青铜器时代的冶炼铜法

青铜是中国合金发展史上的第一种合金，古称金或吉金，是铜与其他化学元素（锡、镍、铅、磷等）的合金。史学上所称的“青铜时代”是指大量使用青铜工具及青铜礼器的时期。保守地估计，这一时期主要从夏商周直至秦汉，时间跨度为两千年左右，这也是青铜器从发展、成熟乃至鼎盛的辉煌时期，如图 1-5 所示。到春秋战国时期，齐国工匠总结经验写成《考工记》，提出了“金有六齐”，这是世界科技史上最早的冶铜经验总结。

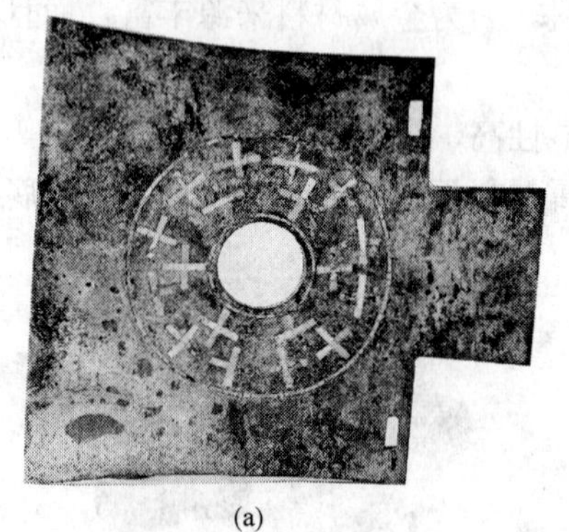

(a)

(b)

图 1-5 春秋战国时期的青铜兵器

(a) 夏钺；(b) 戈

图 1-6 商代晚期立人像

立人像铸于商代晚期，人像高 172cm，底座高 90cm，通高 262cm，是世界上最大的青铜立人像，被尊称为“世界铜像之王”，如图 1-6 所示。

突目面具铸于商代晚期，原件高 64.5cm，宽 138cm，眼球柱状外突长达 13.5cm，其造型在世界上也属首见，如图 1-7 所示。

司母戊鼎是商代大鼎，1939 年出土，鼎高 133cm，重 875kg，为已知的中国古代重量最大的青铜器，如图 1-8 所示。

图 1-7 商代晚期突目面具

云纹铜禁是中国已知最早应用失蜡法铸造的作品，出土于春秋楚墓，年代为春秋中期，如图 1-9 所示。

(4) 铁器时代：沧州大狮（公元 953 年）重 50t，长 5.3m，宽 3m。

图 1－8　司母戊鼎

图 1－9　云纹铜禁

二、材料与人类现代文明

材料是发展高科技的先导和基石，它是人类现代文明四大支柱技术——材料科学与技术、生物科学与技术、能源科学与技术、信息科学与技术的支撑。

材料是所有科技进步的核心，建筑、交通、能源、计算机、通信、多媒体、生物医学工程，无一不依赖材料科学与技术的发展来实现和突破。

三、材料的分类

材料分类如下：

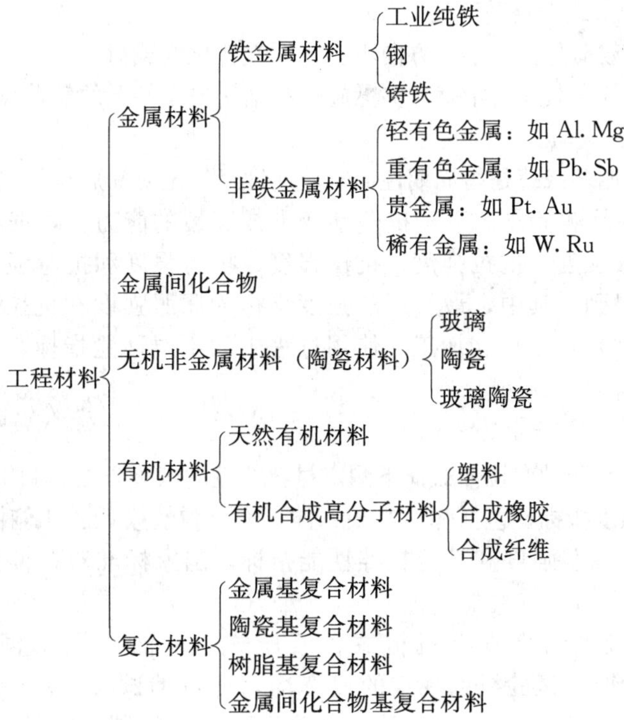

第二章 金属材料的性能

金属材料的种类很多，材料的加工工艺也有多种。要制造出合格的机械设备，就要正确选择、使用金属材料，这就需要对材料的性质进行充分的认识。只有了解材料的各种性能，才能正确利用材料的优势，回避其劣势，在制造出安全、耐用的产品的同时降低制造成本。

金属材料的性能包括使用性能和工艺性能。金属材料的使用性能包括力学性能、化学性能、物理性能。金属材料的工艺性能包括铸造性能、锻造性能、焊接性能、热处理性能、切削加工性能。

第一节 金属材料的使用性能

一、力学性能

力学性能指金属材料在外力的作用下表现出来的特性，包括强度、刚性、硬度、韧性、塑性和疲劳强度。

（一）强度

1. 强度的概念

金属材料在加工及使用的过程中所受到的外力称为载荷。根据载荷作用的性质不同，它可以分为静载荷、冲击载荷及循环载荷。

(1) 静载荷。静载荷是指大小、方向不变或缓慢变化的载荷。

(2) 冲击载荷。冲击载荷是指瞬时突然施加在结构或零件上的载荷（如飞机着陆、机炮发射等)。

(3) 循环载荷。循环载荷是指周期性或非周期性经一定时间后重复出现的动载荷。

强度是指金属在静载荷作用下抵抗塑性变形或断裂的能力。根据载荷作用方式的不同，强度可分为屈服强度、抗拉强度、抗压强度、抗剪强度和抗弯强度。每一种材料的强度指标均由试验得到。其中，最常用的强度指标为屈服强度和抗拉强度。强度也是机械零件（或工程构件）在设计、加工、使用过程中的主要性能指标，是选材和设计的主要依据。

2. 强度的测定——拉伸试验

拉伸试验是指在承受轴向拉伸载荷下测定材料特性的试验方法。利用拉伸试验得到的数据可以确定材料的强度指标，包括弹性极限、伸长率、弹性模量、比例极限、面积缩减量、拉伸强度、屈服点、屈服强度和其他拉伸性能指标。国家标准对拉伸试验做出了严格的规定。

(1) 拉伸试验机。试验机有机械式、液压式、电液或电子伺服式等形式，如图 2 - 1 所示。试验时，试验机以规定的速率均匀地拉伸试样（缓慢给试样加力)，试样在力的作用下伸长，根据力和伸长量，试验机可自动绘制出拉伸曲线图，如图 2 - 2 所示。

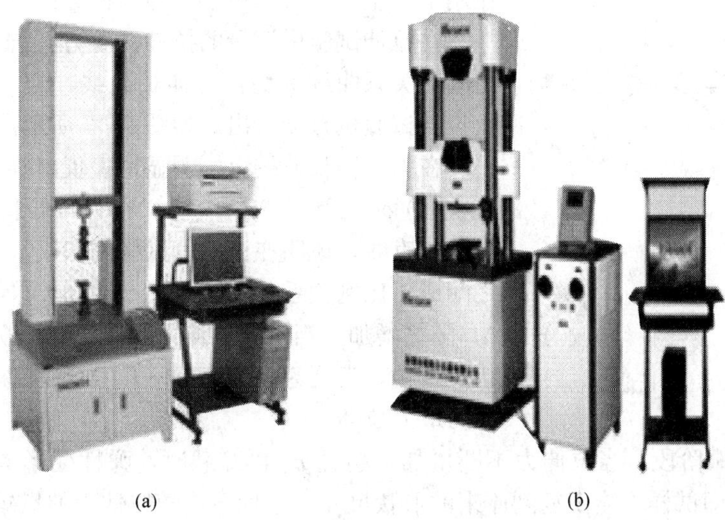
(a) (b)

图 2-1 拉伸试验机

(a) 电子拉伸试验机；(b) 液压式拉伸试验机

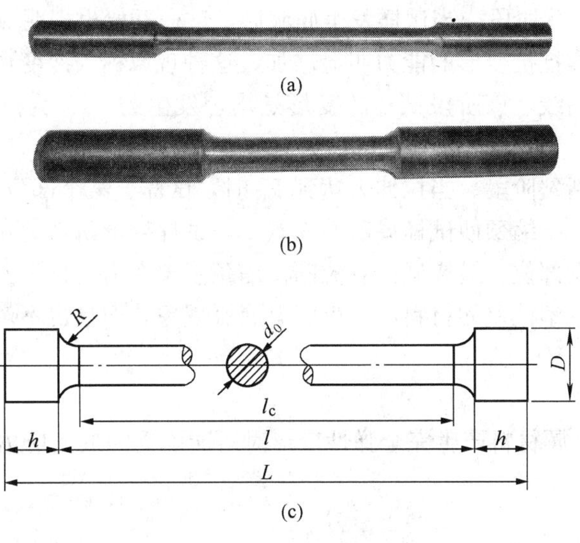

(a)

(b)

(c)

图 2-2 圆柱形拉伸试样

(a) 长试样；(b) 短试样；(c) 圆柱形拉伸试样结构图

(2) 拉伸试样。GB/T 228—2002 对拉伸试样的形状、尺寸及加工要求均有明确的规定，通常采用圆柱形试样，如图 2-2 所示。

圆柱形拉伸试样分为两种：长试样和短试样。

$$长试样 \quad l_0 = 10d_0，短试样 \quad l_0 = 5d_0$$

式中：l_0 为标准试样原始标距长度；d_0 为标准试样原始直径。

3. 力—伸长曲线

将试样安装在拉伸试验机上，并对试样施加一个缓慢增加的轴向拉力，试样在轴向力的

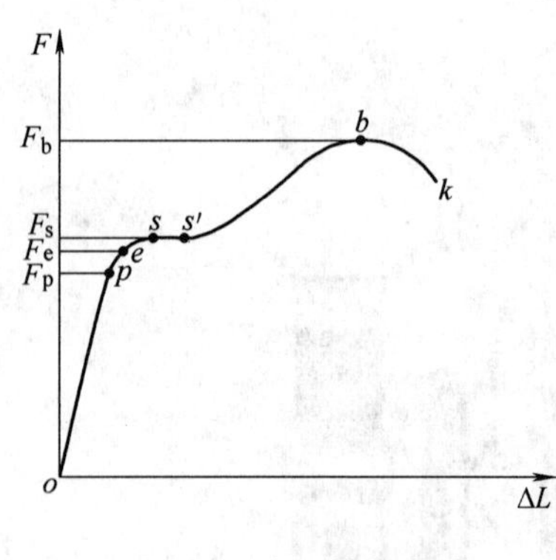

图 2-3　力—伸长曲线

作用下产生变形直至断裂，称为拉伸试验。

在拉伸试验中记录的拉伸试验力 F 与试样伸长量 ΔL 之间的关系曲线称为力—伸长曲线，力—伸长曲线一般由拉伸试验机自动绘出，如图 2-3 所示。

在力—伸长曲线上，明显地表现出以下几个阶段：

(1) oe 为弹性变形阶段。在力—伸长曲线中，oe 段为一斜直线，说明在该阶段试样的伸长量 ΔL 与拉伸力 F 之间成正比例关系。当拉伸力 F 增加时，试样的伸长量 ΔL 随之增加，当撤销拉伸力后试样完全恢复到原始的形状及尺寸，表现为弹性变形。F_e 为试样保持完全弹性变形的最大拉伸力。

(2) es 为屈服阶段。当拉伸力不断增加，超过 F_e 再卸载时，弹性变形消失，一部分变形被保留下来，即试样不能恢复到原来的形状尺寸，这种不能随拉伸力的撤销而消失的变形称为塑性变形。当拉力继续增加到 F_s 时，力—伸长曲线出现一平台，说明当拉伸力达到 F_s 时，如果保持 F_s 力不变，试样的伸长仍继续增加，这种现象称为屈服现象，F_s 称为屈服拉伸力。

(3) sb 为冷变形强化阶段。当试样发生屈服后，试样开始出现明显的塑性变形，随着塑性变形量的增加，试样抵抗变形的能力明显增加，这种现象称为冷变形强化。在力—伸长曲线上表现为一段上升曲线，该阶段试样的变形是均匀发生的。F_b 为试样拉断前所能承受的最大拉伸力。

(4) bk 为缩颈与断裂阶段。当拉伸力达到 F_b 时，试样上某个部位的截面发生局部收缩，产生“缩颈”现象。由于缩颈使试样局部截面减小，试样变形所需的拉伸力也随之降低，这时变形主要集中在缩颈部位，最终试样被拉断。缩颈现象在力—伸长曲线上表现为一段下降的曲线。但是对于一些塑性差的材料，不仅没有屈服现象，而且也不产生“缩颈”现象，如高碳钢、铸铁等。

4. 弹性和刚度

(1) 弹性极限。金属材料产生完全弹性变形时所能承受的最大应力值称为弹性极限，单位 MPa。

$$\sigma_e = \frac{F_e}{A_0} \tag{2-1}$$

式中：F_e 为试样发生完全弹性变形的最大载荷，N；A_0 为试样原始截面积，mm^2。

(2) 刚度。机械零件和构件抵抗变形的能力。定义为施力与所产生变形量的比值，公式记为

$$k = \frac{F}{\delta} \tag{2-2}$$

式中：k 为刚度；F 为载荷；δ 为变形量。

5. 强度指标

(1) 屈服点。在拉伸试验过程中，拉伸力不增加（保持恒定），试样仍能继续伸长（变

形）时的应力称为屈服点，其含义是指在外力作用下开始产生明显塑性变形的最小应力，即材料抵抗微量塑性变形的能力。

$$\sigma_s = \frac{F_s}{A_0} \tag{2-3}$$

式中：σ_s 为屈服点，MPa；F_s 为试样发生屈服时的载荷，N；A_0 为试样原始截面积，mm^2。

对于无明显屈服现象的金属材料，按国家标准的规定，可用屈服强度 $\sigma_{0.2}$ 表示。$\sigma_{0.2}$ 是指试样撤销拉伸力后，其标距部分的残余伸长率达到 0.2%时的应力，其计算公式为

$$\sigma_{0.2} = \frac{F_{0.2}}{A_0} \tag{2-4}$$

式中：$F_{0.2}$ 为残余伸长率达 0.2%时的拉伸力，N；A_0 为试样原始截面积，mm^2。

屈服点 σ_s 和屈服强度 $\sigma_{0.2}$ 是工程上极为重要的力学性能指标之一，是大多数机械零件设计和选材的依据，是评定金属材料性能的重要参数。

(2) 抗拉强度。材料在断裂前所能承受的最大应力，用符号 σ_b 表示。

$$\sigma_b = \frac{F_b}{A_0} \tag{2-5}$$

式中：F_b 为试样被拉断前所承受的最大载荷，N；A_0 为试样的原始横截面积，mm^2。

零件在工作中所承受的应力，不应超过抗拉强度，否则会导致断裂，σ_b 是机械零件设计和选材的依据，也是评定金属材料性能的重要参数之一。

（二）塑性

塑性是指金属材料在静载荷作用时，在断裂前产生塑性变形的能力，反映材料塑性的力学性能指标有断后伸长率和断面收缩率。金属材料的塑性指标是由试验测得的。

1. 断后伸长率（δ）

断后伸长率指试样拉断后其标距长度的相对伸长值。

$$\delta = \frac{l_k - l_0}{l_0} \times 100\% \tag{2-6}$$

式中：l_k 为试样断裂后的标距长度；l_0 为试样的原始标距长度。

2. 断面收缩率（ψ）

断面收缩率指试样拉断后缩颈处横截面积的最大相对收缩值。

$$\psi = \frac{A_0 - A_k}{A_0} \times 100\% \tag{2-7}$$

式中：A_k 为试样断裂出的最小横截面积；A_0 为试样的原始横截面积。

金属材料的延伸率（δ）和断面收缩率（ψ）越大，塑性越好，塑性直接影响零件的成形加工及使用。

（三）硬度

硬度是指金属材料抵抗外力压入其表面的能力，也是衡量金属材料软硬程度的一种力学性能指标。工程上常用的有布氏硬度、洛氏硬度和维氏硬度。各种金属的硬度指标也是由试验测得的。

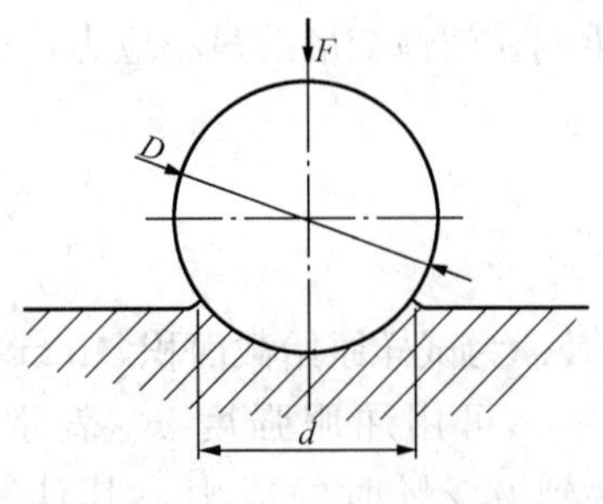

图 2-4 布氏硬度实验原理图

1. 布氏硬度 HBS (HBW)

(1) 实验原理。布氏硬度是在布氏硬度计上进行测量的，用一定直径的钢球或硬质合金球为压头，以相应的试验力压入试样表面，保持规定的时间后，卸除试验力，在试样表面形成压痕，以压痕球形表面所承受的平均负荷作为布氏硬度值，如图 2-4 所示。

$$\text{HBS(HBW)} = \frac{2F}{\pi D(D-\sqrt{D^2-d^2})} \tag{2-8}$$

式中：F 为试验力；D 为压头直径；d 为压痕平均直径。

(2) 布氏硬度的符号。当试验压头为淬硬钢球时，其硬度符号用 HBS 表示，适用于布氏硬度 450 以下的材料；当试验压头为硬质合金球时，其硬度符号用 HBW 表示，适用于布氏硬度 650 以下的材料。

(3) 布氏硬度的表示方法。符号 HBS 或 HBW 之前的数字为硬度值，符号后面按以下顺序用数字表示实验条件：球体直径/试验力/试验力保持的时间（10～15s 不标注）。

例如，170HBS 10/1000/30 表示用直径 10mm 的钢球，在 9807N 的试验力作用下，保持 30s 时测得的布氏硬度值为 170。530HBW 5/750 表示用直径 5mm 的硬质合金球，在 7355N 的试验力作用下，保持 10～15s 时测得的布氏硬度值为 530。

(4) 布氏硬度测量法的特点。布氏硬度测量法的优点是测量结果准确，缺点是压痕大，不适合成品检验。

(5) 布氏硬度试验的技术条件。做布氏硬度试验时，压头直径 D、试验力 F 和试验力保持时间，应根据被测金属的种类、硬度值范围及试样的厚度进行选择，见表 2-1。

表 2-1 布氏硬度试验的技术条件

材料	布氏硬度	球直径 (mm)	$0.12F/D^2$	试验力 (N)	试验力保持时间 (s)	注意事项
铁金属	≥140	10 5 2.5	30	29 420 7355 1839	10	试样厚度应不小于压痕深度的 10 倍，试验后，试样边缘及背面应无可见变形痕迹 压痕中心距试样边缘距离应不小于压痕直径的 2.5 倍 相邻两压痕中心距不小于压痕直径 4 倍
	<140	10 5 2.5	10	9807 2452 613	10～15	
非铁金属	≥130	10 5 2.5	30	29 420 7355 1836	30	
	36～130	10 5 2.5	10	9807 2452 613	30	
	8～35	10 5 2.5	2.5	2452 613 153	60	

2. 洛氏硬度 (HR)

(1) 实验原理。图 2-5 所示 0—0 位置为金刚石压头没有和试样接触时的位置；1—1 位置

为压头受到初载荷 F_1 后压入试样深度为 h_1 的位置；2—2 位置为压头受到主载荷 F_2 后压入试样深度为 h_2 的位置；3—3 为压头卸除主载荷 F_2，且只保留初载荷 F_1 时的位置。由于试样弹性变形部分的恢复使压头提高了 h_3，此时压头受主载荷作用实际压入的深度为 h。

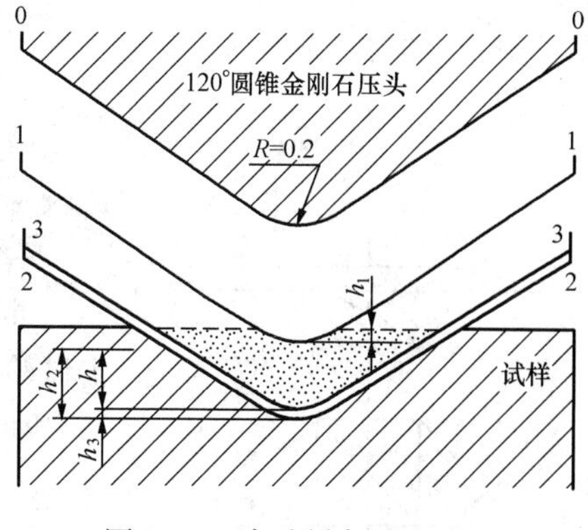

图 2-5 洛氏硬度测试原理

以 h 的大小计算硬度值。h 值越大，硬度越低。为了适应习惯上数值越大硬度越高的概念，故用一常数 k 减去 h 来表示硬度值，并规定每 0.002mm 为一个硬度单位，用符号 HR 表示：

$$HR = (k - h)/0.002 \tag{2-9}$$

其中，当压头为金刚石时 $k=0.2$，当压头为淬火钢球时 $k=0.26$。

(2) 洛氏硬度标尺。为了能用一种硬度计测定不同软硬材料的硬度，常采用不同的压头与总载荷组合成几种不同的洛氏硬度标尺，每一种标尺用一个字母在洛氏硬度符号 HR 后注明，有 9 种之多。常用 HRA、HRB 及 HRC 三种。当采用顶角为 120°的金刚石圆锥体为压头，施加 150kgf 的外力，硬度用符号 HRC 表示，主要用于淬火钢等较硬材料的测定，常用硬度值为 20～67HRC；当采用顶角为 120°的金刚石圆锥体为压头，采用外加载荷为 60kgf，硬度用符号 HRA 表示，用于测量高硬度薄层，常用硬度值为 70～85HRA；当采用直径 1.588mm 的钢球、100kgf 的外加载荷，硬度用符号 HRB 表示，用于硬度较低的材料，常用硬度值为 25～100HRB。

(3) 洛氏硬度测量法的特点。测量迅速简便，压痕小，可在成品零件上检测。测试范围大，能测试极软到极硬的各种金属。由于压痕小，当材料的内部组织不均匀时，硬度数值波动较大，不能反映被测金属的平均硬度，因此，在进行洛氏硬度试验时，需要在不同部位测试数次，取其平均值来表示被测金属的硬度。

(4) 常用洛氏硬度的实验条件和应用范围。由于洛氏硬度试验时选用的压头和总试验力不同，洛氏硬度的测量尺度也就不同，常用的洛氏硬度标尺有 A、B、C 三种，其中，C 标尺应用较为广泛。常用洛式硬度的实验条件和应用范围见表 2-2。

表 2-2 常用洛氏硬度的实验条件和应用范围

标尺	硬度符号	压头	初试验力（N）	主试验力（N）	总试验力（N）	测量范围	应用举例
A	HRA	金刚石圆锥体	98.1	490.3	588.4	70～85	硬质合金、表面淬火层、渗碳层等
B	HRB	钢球	98.1	882.6	980.7	25～100	退火或正火钢、非铁金属
C	HRC	金刚石圆锥体	98.1	1373	1471.1	30～67	调质钢、淬火钢等

3. 维氏硬度（HV）

(1) 实验原理。用一定大小的载荷 F（kgf），把两相对面夹角 α 为 136°的金刚石四棱锥体压入试样表面，保持规定时间后卸除载荷，测量压痕的对角线长度分别为 d_1 和 d_2，取其

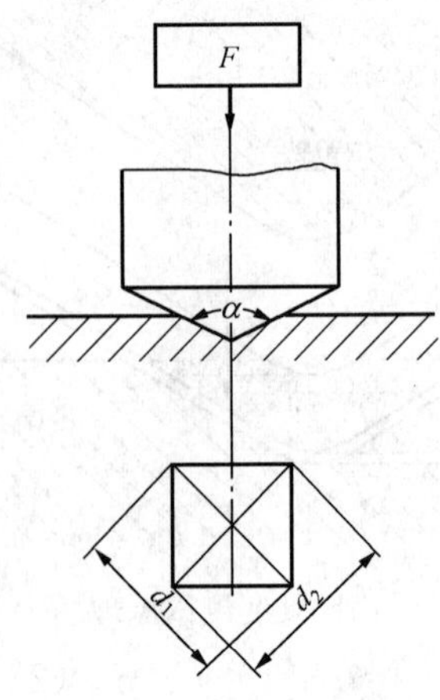

图 2-6 维氏硬度实验原理

平均值 d，用以计算压痕的表面积 S，F/S 即为试样的硬度值（HV），如图 2-6所示。

(2) 维氏硬度测量法的特点。精量测度高、范围广，但比较麻烦，主要用于研究工作。

(四) 冲击韧度

冲击韧度指金属材料抵抗冲击负荷的能力，可用摆锤冲击试验机来测定金属材料的冲击值，如图 2-7 和图 2-8 所示。冲击韧度值可用式（2-10）计算。

$$\alpha_k = \frac{A_k}{F} = \frac{GH - Gh}{F} \tag{2-10}$$

式中：α_k 为冲击韧度，J/cm^2；A_k 为冲击吸收功，J；F 为试样缺口底部处横截面积，cm^2；G 为摆锤重力，N；H 为摆锤抬升高度，m；h 为摆锤冲击后的高度，m。

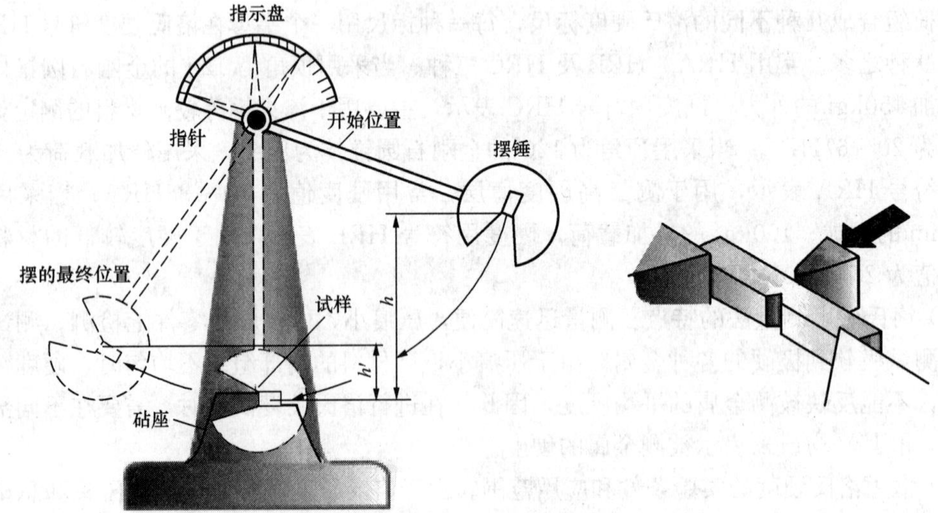

图 2-7 夏氏冲击实验原理

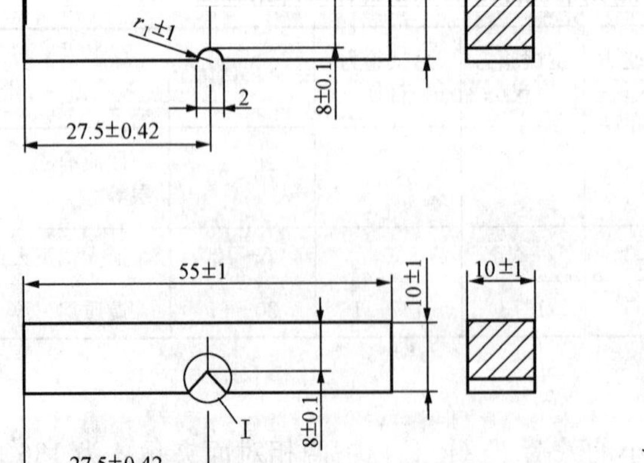

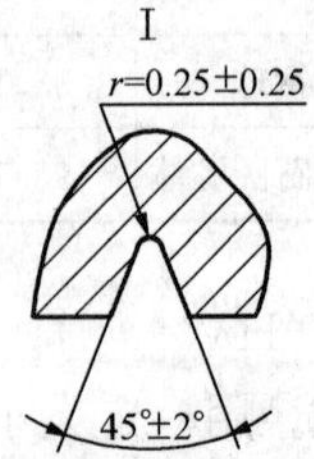

图 2-8 冲击试样

（五）疲劳强度

1. 疲劳现象

机械零件，如轴、齿轮、轴承、叶片、弹簧等，在工作过程中各点的应力随时间做周期性变化，称为交变应力（也称循环应力）。在交变应力的作用下，虽然零件所承受的应力低于材料的屈服点，但经过较长时间的工作后产生裂纹或突然发生完全断裂的现象称为金属的疲劳。

2. 疲劳强度

疲劳强度是指金属材料在无限多次交变载荷作用下而不破坏的最大应力称为疲劳强度或疲劳极限。实际上，金属材料并不可能做无限多次交变载荷试验。对于铁金属一般规定应力循环基数为 10^7 次，对于非铁金属，则应力循环基数规定为 10^8 次，试样不发生断裂的最大应力值规定为该金属的疲劳极限。

3. $\sigma-N$ 疲劳曲线

金属所承受的循环应力 σ 和断裂时相应的应力循环次数 N 之间的关系，可用曲线来表示，如图 2-9 所示。

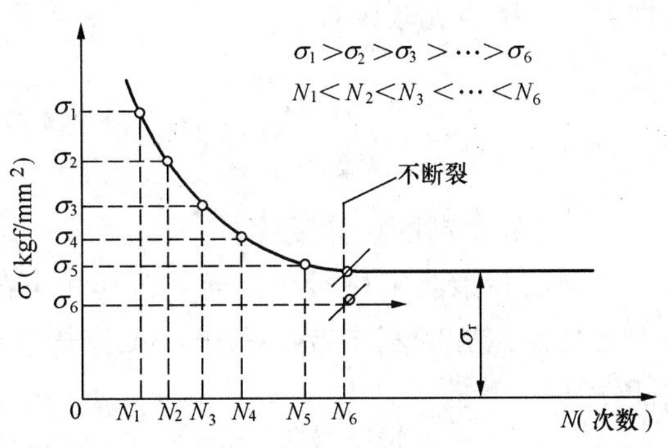

图 2-9　$\sigma-N$ 疲劳曲线

二、金属材料的物理性能

金属材料的物理性能主要包括密度、熔点、导热性、热膨胀性、导电性、磁性。不同的金属材料物理性能不同。

三、金属材料的化学性能

金属材料的化学性能主要包括耐腐蚀性、抗氧化性、化学稳定性。

第二节　金属材料的工艺性能

金属材料的工艺性能包括铸造性能、锻造性能、焊接性能、切削性能、热处理性能。

一、铸造性能

铸造性能是指金属材料能用铸造的方法获得合格铸件的性能。铸造性主要包括流动性、收缩性和偏析。流动性是指液态金属充满铸模的能力；收缩性是指铸件凝固时体积收缩的程度；偏析是指金属在冷却凝固过程中，因结晶先后的差异而造成金属内部化学成分和组织的不均匀性。

二、锻造性能

锻造性能是指金属材料在压力加工时，能改变形状而不产生裂纹的性能。它包括在热态或冷态下能够进行锤锻、轧制、拉伸、挤压等加工。可锻性的好坏主要与金属材料的化学成分有关。

三、焊接性能

焊接性能反映金属材料在局部快速加热，使结合部位迅速熔化或半熔化（需加压），从而使结合部位牢固地结合在一起而成为整体的难易程度，表现为熔点、熔化时的吸气性、氧化性、导热性、热胀冷缩特性、塑性，以及与接缝部位和附近用材显微组织的相关性、对机械性能的影响等。

四、切削加工性能

切削加工性能是指金属材料被刀具切削加工后而成为合格工件的难易程度。切削加工性的好坏常用加工后工件的表面粗糙度、允许的切削速度及刀具的磨损程度来衡量。它与金属材料的化学成分、力学性能、导热性、加工硬化程度等诸多因素有关。通常是用硬度和韧性作切削加工性好坏的大致判断。一般而言，金属材料的硬度越高越难切削，硬度虽不高，但韧性大，切削也比较困难。

第三节　金属材料的力学性能试验

一、金属材料的拉伸试验

拉伸试验指测定材料在拉伸载荷作用下的一系列特性的试验，又称抗拉试验。它是材料力学性能试验的基本方法之一，主要用于检验材料是否符合规定的标准和研究材料的性能。

1. 低碳钢的拉伸试验

(1) 准备试件。用刻线机在原始标距范围内刻划圆周线（或用小钢冲打小冲点），将标距内分为等长的 10 格。用游标卡尺在试件原始标距内的两端及中间处两个相互垂直的方向上各测一次直径，取其算术平均值作为该处截面的直径，然后选用三处截面直径的最小值来计算试件的原始截面面积 A_0（取三位有效数字）。

(2) 调整试验机。根据低碳钢的抗拉强度 σ_b 和原始横截面面积估算试件的最大载荷，配置相应的摆锤，选择合适的测力度盘。开动试验机，使工作台上升 10mm 左右，以消除工作台系统自重的影响。调整主动指针对准零点，从动指针与主动指针靠拢，调整好自动绘图装置。

(3) 装夹试件。先将试件装夹在上夹头内，再将下夹头移动到合适的夹持位置，最后夹紧试件下端。

(4) 检查与试车。请指导教师检查以上步骤的完成情况。开动试验机，预加少量载荷（载荷对应的应力不能超过材料的比例极限），然后卸载到零，以检查试验机工作是否正常。

(5) 进行试验。开动试验机，缓慢而均匀地加载，仔细观察测力指针转动和绘图装置绘出图的情况。注意捕捉屈服荷载值，将其记录下来用以计算屈服点应力值 σ_s，屈服阶段注意观察滑移现象。过了屈服阶段，加载速度可以加快一些。将要达到最大值时，注意观察“缩颈”现象。试件断后立即停车，记录最大荷载值。

(6) 取下试件和记录纸。

(7) 用游标卡尺测量断后标距。

(8) 用游标卡尺测量缩颈处最小直径 d_1。

2. 铸铁拉伸试验

(1) 准备试件，除不必刻线或打小冲点外，其余都与低碳钢相同。

(2) 调整试验机和自动绘图装置，装好试件，对以上工作进行检查（与低碳钢拉伸试验时的步骤相同）。

(3) 进行试验，开动试验机，缓慢均匀地加载，直至试件被拉断。关闭试验机，记录拉断时的最大荷载值，取下试件和记录纸。

3. 结束试验

请指导教师检查实验记录。将实验设备、工具复原，清理实验场地。最后整理数据，完成实验报告。

二、硬度试验

1. 实验目的

了解布氏硬度计和洛氏硬度计的构造和使用方法，初步掌握各种金属硬度的测量方法，分析碳钢的硬度与其碳的质量分数之间的关系。

2. 实验设备及材料

(1) HB－3000 型布氏硬度计一台。

(2) HR－150 型洛氏硬度计一台。

(3) 读数显微镜一台。

(4) 试样。

规格：ϕ30mm×10mm。

材料：20 钢、45 钢、T12 钢。

要求：退火状态，试样表面平整、光洁，不得有氧化皮、油污及明显的加工痕迹。

3. 实验步骤

(1) 布氏硬度。

1) 根据实验材料和布氏硬度范围由表 2－1 选择压头球体直径、试验力和保持时间。

2) 打开硬度计的电源，将试样放在工作台上，使试样的被测表面与压头轴线垂直。选好测试位置，顺时针转动手轮，使工作台上升，试样与压头缓慢接触，并继续转动手轮至升降螺母产生滑动为止。

3) 松开紧压螺钉，选定试验力保持时间。

4) 按动加载按钮，开始施加试验力，当绿色指示灯闪亮时，迅速拧紧螺钉，达到所要求的持续时间后，硬度计自动停止转动。

5) 逆时针转动手轮，降下工作台，取下试样。

6) 用读数显微镜测量压痕直径 d，再通过计算或查表获得相应的硬度值。

(2) 洛氏硬度。

1) 根据实验材料及热处理状态由表 2－2 选择压头和试验力。

2) 将试样平放在工作台上。

3) 顺时针转动手轮，使工作台上升，试样与压头缓慢接触，直至表盘上小指针指向“3”为止，此时已施加了 98.1N 的初试验力，然后调整表盘使大指针指向硬度值刻度的起点。

4) 拉动加载手柄，施加主试验力，并保持适当的时间。

5) 推动卸载手柄，卸除主试验力。

6) 读取表盘上大指针所指数字，即为相应的硬度值（红色数字为 HRB 值，黑色数字为

HRA 或 HRC 值）。

7）逆时针转动手轮，降下工作台，取下试样。

4. 实验报告

(1) 写出实验目的。

(2) 阐述布氏硬度、洛氏硬度的实验原理、应用范围及优缺点。

(3) 实验结果，见表 2-3 和表 2-4。

三、冲击试验

1. 实验目的

了解冲击试验机的构造及使用方法，初步掌握各种金属冲击韧度的测量方法，分析碳钢的冲击韧度与其碳的质量分数之间的关系。

2. 实验设备及材料

(1) JB-30A 型摆锤式冲击试验机。

(2) 冲击试样：20 钢、45 钢、T12 钢。

3. 实验步骤

(1) 在教师指导下，了解冲击试验机的构造和操作方法。

(2) 测量冲击试样的尺寸。

(3) 在教师指导下安装试样并进行冲击。

(4) 读取刻度盘上指针所指的数字，即为被测材料的冲击吸收功 A_k 值。

4. 实验报告

(1) 写出实验目的。

(2) 简述冲击实验原理。

(3) 在表 2-5 中填写实验结果。

(4) 根据实验结果，简单分析碳钢冲击韧度与碳的质量分数之间的关系。

表 2-3　　布氏硬度实验结果

材料	实验条件			实验结果				
	压头球体直径(mm)	试验力(N)	试验力保持时间(s)	第一次		第二次		平均硬度值
				压痕直径(mm)	布氏硬度值	压痕直径(mm)	布氏硬度值	
20								
45								
T12								

表 2-4　　洛氏硬度实验结果

材料	实验条件			实验结果			
	压头	试验力(N)	硬度标尺	第一次	第二次	第三次	平均硬度值
20							
45							
T12							

表 2-5 **冲击试验结果**

材料	试样缺口处横截面尺寸			冲击吸收功（J）	冲击韧度（J/cm^2）	断口特征
	高（cm）	宽（cm）	横截面积（cm^2）			
20						
45						
T12						

习 题

2-1 什么是材料的力学性能？力学性能有哪些常用的指标？这些指标的含义是什么？

2-2 什么是强度？常用的指标有哪些？这些指标的含义是什么？

2-3 什么是塑性？常用的指标有哪些？这些指标的含义是什么？

2-4 什么是硬度？常用的试验方法有哪些？

2-5 按规定，15 钢的力学性能指标应不低于下列数值：$\sigma_b \geqslant 375MPa$，$\sigma_s \geqslant 225MPa$，$\delta_s \geqslant 27\%$，$\psi \geqslant 55\%$。先将购进的 15 钢制成 $d_0 = 10mm$ 的圆形截面短试样，经拉伸试验测得，$F_b = 33.81kN$，$F_s = 20.68kN$，$l_k = 65mm$，$d_k = 6mm$，试问这批 15 钢的力学性能是否合格。

2-6 总结比较金属的各项力学性能指标，填表 2-6。

表 2-6 **金属常用力学性能比较**

力学性能指标	符号	单位	含义	应用举例
强度				
塑性				
硬度				
冲击韧性				
疲劳强度				

2-7 什么是冲击韧度？

2-8 什么是疲劳强度？

2-9 什么是低碳钢的力—伸长曲线，简述拉伸变形的几个阶段。

第三章　金属的晶体结构与结晶

材料是人类用来制作各种产品的物质。机械工程中使用的材料，按化学成分分为金属材料、高分子材料和陶瓷材料三大类。

目前，在机械工业中应用最广的仍是金属材料，因为金属材料来源丰富，而且具有优良的使用性能和工艺性能。

金属材料具有强度较高、塑性较好、导电性高、导热性好、有金属光泽等优点。金属材料性能的决定因素是化学成分、内部组织和状态。

因此，研究金属的晶体结构及其变化规律，是了解金属性能、正确选用金属材料、合理确定加工方法的基础。

第一节　金属的理想晶体结构

一、晶体结构的基本概念

1. 晶体与非晶体

固态物质按照原子在空间的聚集状态可分为晶体与非晶体。

晶体与非晶体在微观上的区别是：晶体的内部原子在空间做有规则的排列，如食盐、金刚石、纯金属、合金等；非晶体的内部原子在空间做杂乱无章、不规则的无序排列，如玻璃、沥青、松香等。

晶体与非晶体在宏观上的区别是：晶体具有固定的熔点，各向异性；非晶体不具有固定的熔点，各向同性。

晶体与非晶体在一定条件下可以互相转化。例如，玻璃经长时间加热能变为晶态玻璃；金属从高温液态急冷，可变为非晶态金属。非晶态金属具有高的强度、韧性等一系列突出性能，近年来已得到广泛关注。

2. 晶格与晶胞

晶体内部原子是按一定的几何规律排列的。为了便于理解，将原子看成是一个小球，则晶体就是由这些小球有规律地堆积而成的物体，如图 3-1 (a) 所示。为了形象地表示晶体中原子排列的规律，可以将表示原子的刚性小球再抽象成为一个几何点，几何点位于刚性小球的中心。将这种几何点的空间排列称为空间点阵，简称点阵。点阵中的几何点称为阵点或结点。用假想的线将这些阵点连接起来，构成具有明显规律性的空间格架。这种表示原子在晶体中排列规律的空间格架称为晶格，如图 3-1 (b) 所示。

晶格的最小几何组成单元称为晶胞，如图 3-1 (c) 所示。晶体是由晶胞无间隙地堆砌而成的。若知道晶胞的特征（大小和形状），便可知道整个晶体的结构。

3. 晶轴与晶格常数

在晶体学中，通常取晶胞角上某一结点作为原点，沿其三条棱边作坐标轴 x、y、z，称为晶轴。规定在坐标点的前、右、上方为坐标轴的正方向，并以棱边长度 a、b、c 分别作为坐标轴的长度单位，如图 3-1（c）所示。这样，晶胞的大小和形状完全可以由三个棱边长度和三个晶轴之间的夹角 α、β、γ 来表示。其中，棱边长度称为晶格常数。

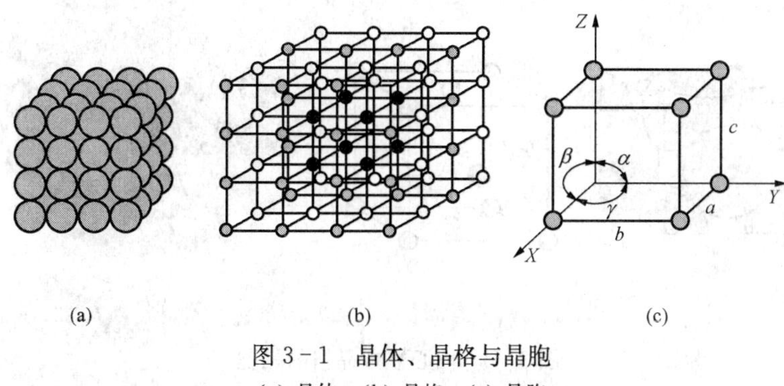

图 3-1 晶体、晶格与晶胞

(a) 晶体；(b) 晶格；(c) 晶胞

二、常见的金属晶格类型

在金属晶体中，原子之间的结合方式决定金属晶体具有高度对称的简单晶体结构。常见的有以下三种。

1. 体心立方晶格

(1) 体心立方格的结构。体心立方晶格的晶胞为一立方体，在晶胞的 8 个顶角和晶胞的中心各有一个原子，晶格常数 $a=b=c$，晶轴之间的夹角 $\alpha=\beta=\gamma=90°$，如图 3-2（b）所示。

(2) 体心立方晶格的晶胞所含的原子数。在体心立方晶格的晶胞中，每个晶胞顶角上的原子在晶格中同时属于 8 个相邻的晶胞共有。因此，每个晶胞顶角上的原子仅有 1/8 属于一个晶胞，而中心的原子则完全属于这个晶胞，如图 3-2（a）所示，所以一个体心立方晶格的晶胞所含原子数 $n=8\times1/8+1=2$ 个。具有体心立方晶格的金属有钼（Mo）、钨（W）、钒（V）、α-铁（α-Fe，＜912℃）等。

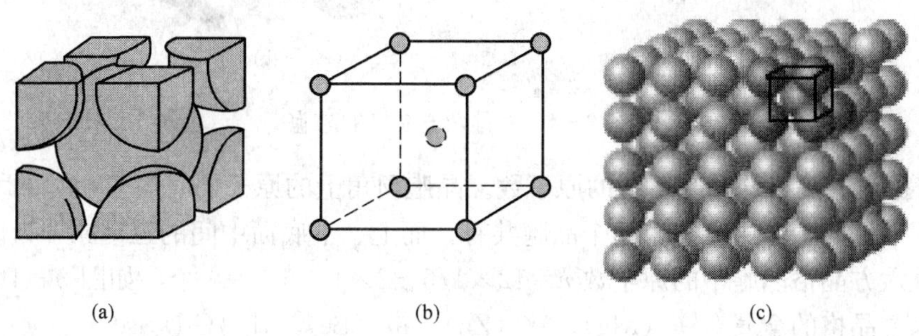

图 3-2 体心立方晶格的晶胞

2. 面心立方晶格

(1) 面心立方晶格的结构。面心立方晶格的晶胞为一立方体，在晶胞 8 个顶角和晶胞的 6 个面上各有一个原子，晶格常数 $a=b=c$，$\alpha=\beta=\gamma=90°$，如图 3-3（b）所示。

(2) 面心立方晶格的晶胞所含的原子数。在面心立方晶胞中，每个顶角上的原子在晶格中同时属于 8 个相邻的晶胞共有。因此，每个顶角上的原子仅有 1/8 属于一个晶胞，而每个面上的原子为两个晶胞共有，即 1/2 属于一个晶胞，所以一个面心立方晶格的晶胞所含原子

数 $n=8\times1/8+6\times1/2=4$ 个，如图 3-3（b）所示。具有这种晶格的金属有铝（Al）、铜（Cu）、镍（Ni）、金（Au）、银（Ag）、γ-铁（γ-Fe，912～1394℃）等。

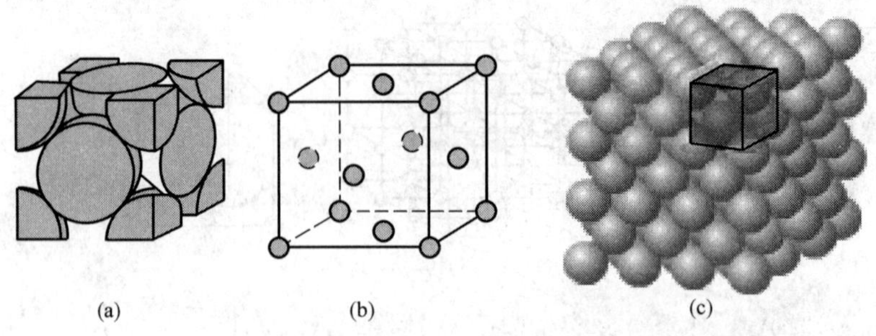

图 3-3 面心立方晶格的晶胞

3. 密排六方晶格

(1) 密排六方晶格的结构。密排六方晶格的晶胞为一个六方体，在晶胞的 12 个顶角和上、下底面的中心各分布一个原子，上、下底面之间均匀分布三个原子。晶格常数用底面正六边形的边长 a 和两底面之间的距离 c 来表达，两相邻侧面之间的夹角为 120°，侧面与底面之间的夹角为 90°，如图 3-4（a）所示。

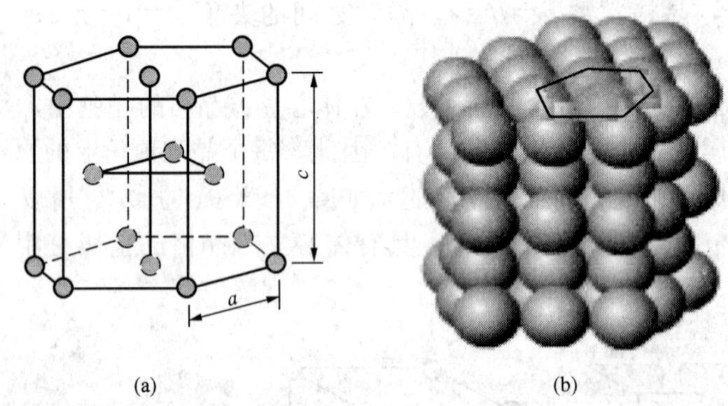

图 3-4 密排六方晶格的晶胞

(2) 密排六方晶格的晶胞所含的原子数。晶胞顶角上的原子同时属于相邻的六个晶胞所共有，上、下底面中心的原子为两个晶胞共有，而上、下底面中间的三个原子为该晶胞所独有，即密排六方晶格晶胞中的原子数 $n=12\times1/6+2\times1/2+3=6$ 个，如图 3-4（a）所示。属于密排六方晶格的金属有镁（Mg）、锌（Zn）、铍（Be）、钆（Gd）。

三、晶体的各向异性

在晶体中各方位上的原子组成的平面，称为晶面，如图 3-5 所示。各方向上的原子列称为晶向，如图 3-6 所示。

由于在同一晶格不同晶面和晶向上原子排列的疏密程度不同，原子间的结合力也不同，从而在不同的晶面和晶向上显示出的性能也不相同。这就是晶体具有各向异性的原因。然而工程实践中金属材料并不显示出各向异性的性质，这是因为上面所讨论的是理想状态的晶体结构，而实际金属的晶体结构与理想的晶体结构相差很大。

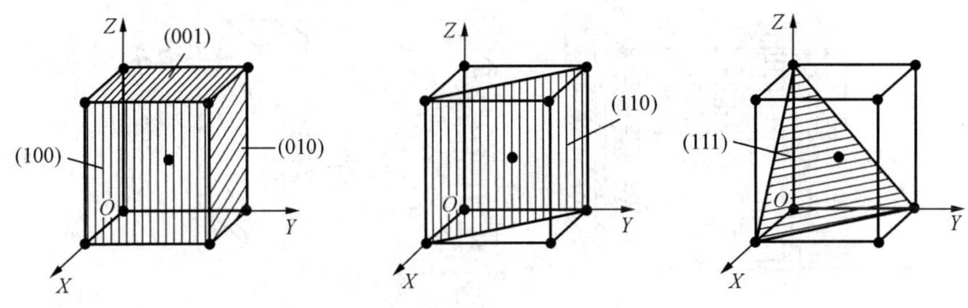

图 3-5　简单立方晶格中的晶面

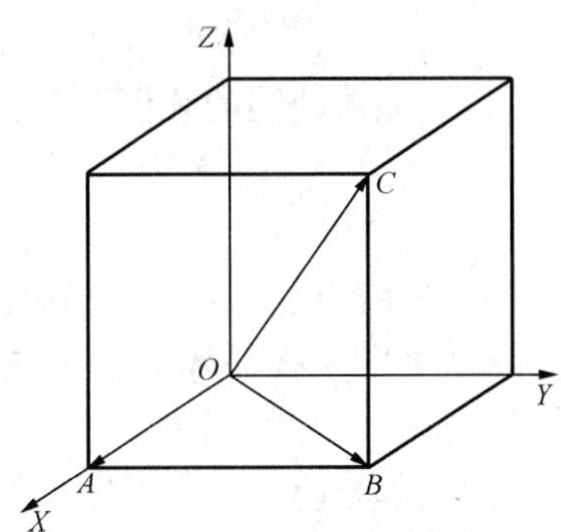

图 3-6　简单立方晶格中的晶向

第二节　金属的实际晶体结构

第一节介绍了常见金属的晶体结构，以及体心立方晶格、面心立方晶格、密排六方晶格，这些是理论上的理想晶格结构，实际使用的金属材料晶格结构与其有很大的不同。

一、单晶体与多晶体

1. 单晶体

晶体内部晶格位向（即原子排列方向）完全一致的晶体称为单晶体，如图 3-7（a）所示。

2. 多晶体

一块金属材料中包含着许多小晶体，每个小晶体内的晶格位向是一致的（每个小晶体为一个单晶体），而各小晶体之间彼此方位不同。这些外形不规则的颗粒状小晶体称为晶粒。这种由许多晶粒组成的晶体称为多晶体，如图 3-7（b）所示。晶粒与晶粒间的界面就是晶界，如图 3-7（b）所示。一般晶粒尺寸都很小，如钢铁材料晶粒尺寸一般为 10^{-3}～10^{-1}mm，必须通过显微镜放大几十倍乃至几百倍以上才能观察到。在工业生产中，只有采用特殊方法才能获得单晶体，而实际使用的金属都是多晶体。

二、晶体缺陷

在实际晶体中，原子的排列并不像理想晶体那样规则和完整。由于许多因素（如结晶条件、原子热运动、加工条件等）的影响，使某些区域的原子排列受到干扰和破坏，这些受到

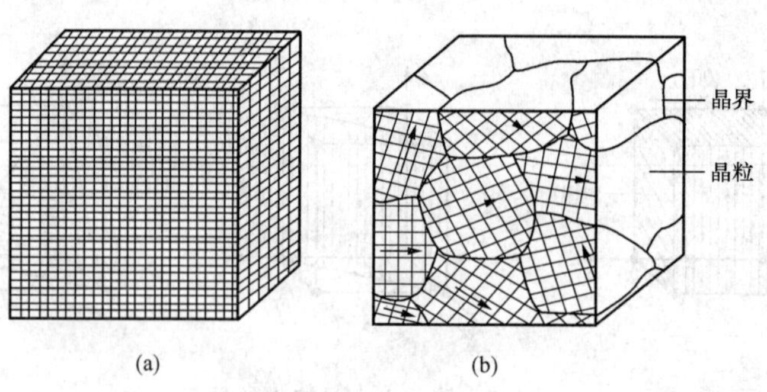

图 3-7 单晶体与多晶体示意

(a) 单晶体；(b) 多晶体

干扰和破坏的区域称为晶体缺陷。根据晶体缺陷的几何形态特点，可分为点缺陷、线缺陷和面缺陷三类。

1. 点缺陷

点缺陷是最简单的晶体缺陷，它是在阵点上或邻近的微观区域内偏离晶体结构的正常排列的一种缺陷，如图 3-8 所示。点缺陷发生在晶体中一个或几个晶格常数范围内，在三维方向上的尺寸都很小，最常见的是晶格空位和间隙原子。

产生点缺陷的原因是原子热振动使部分原子获得足够高的能量，从而克服原子之间的约束迁移到新的位置，使原来的位置形成空位，迁移的原子在新的位置形成间隙原子或置换原子，引起局部点阵畸变。点缺陷的存在提高了材料的硬度和强度，降低了材料的塑性和韧性。

2. 线缺陷

线缺陷的特征是沿着晶体结构某一方向的尺寸很大，而三维空间的其他两个方向尺寸很小。常见的线缺陷有刃型位错和螺型位错两种。

(1) 刃型位错。在金属晶体中，由于某种原因晶体的一部分沿一定晶面相对于晶体的未动部分，逐步发生一个原子间距的错动，如图 3-9 所示。右上角部分晶体逐步向左移动一个原子间距时，则在发生错动的晶体部分同未动部分的边缘上会产生一个多余的原子面，这就是刃型位错。

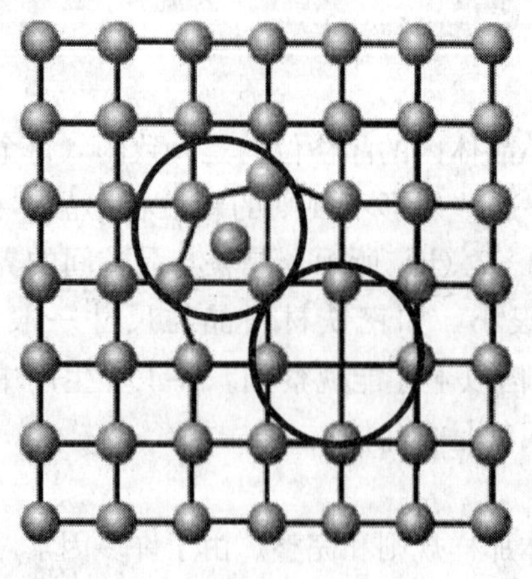

图 3-8 点缺陷示意

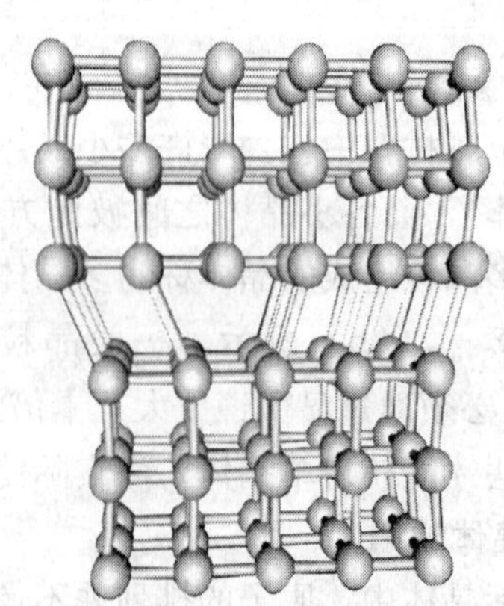

图 3-9 刃型位错及运动过程示意

(2) 螺型位错。在金属晶体中，由于多种原因，也可能出现一种原子呈螺旋线形错排的线缺陷，称为螺型位错。螺型位错在空间实际上是一个螺旋状的晶格畸变管道，宽仅为几个原子间距，长则可穿透晶体，如图 3-10 所示。

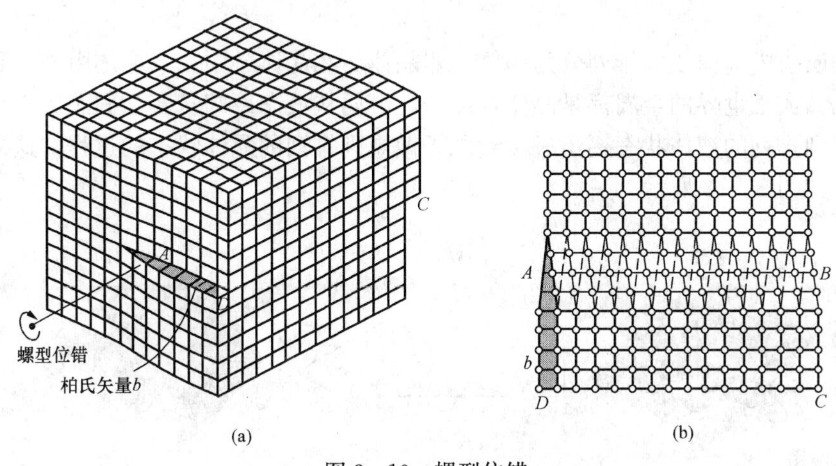

图 3-10　螺型位错

在线缺陷中，无论是刃型位错还是螺型位错，都对金属力学性能的改变起到很大作用。

3. 面缺陷

面缺陷是指晶体的晶格缺陷在一个方向上的尺寸很小，另外两个方向上的尺寸很大，也称二维缺陷。金属晶体中的面缺陷主要有晶界和亚晶界两种，如图 3-11 所示。

(1) 晶界。实际使用的金属为多晶体，多晶体是由大量外形不规则的小晶体即晶粒组成的。每个晶粒基本上可视为单晶体，一般尺寸为 $10^{-3}\sim10^{-2}$ mm，但也有大至几毫米甚至十几毫米的。所有晶粒的结构完全相同，但彼此之间的位向不同，位向差为几十分、几度或几十度。相邻晶粒之间的界面称为晶界，如图 3-11 (a) 所示。

晶界上一般积累有较多的位错（即原子排列不规则），晶界也是杂质原子聚集的地方。杂质原子的存在加剧了晶界结构的不规则性，并使结构复杂化。

(2) 亚晶界。这种面缺陷是在晶粒内部产生的缺陷，即晶粒内部存在许多位向相差很小的晶粒（称为亚晶粒）。晶粒内的亚晶粒又称为晶块（或嵌镶块）。亚晶粒之间的位向差只有几秒、几分，最多达 1°～2°。亚晶粒之间的边界称为亚晶界，如图 3-11 (b) 所示。

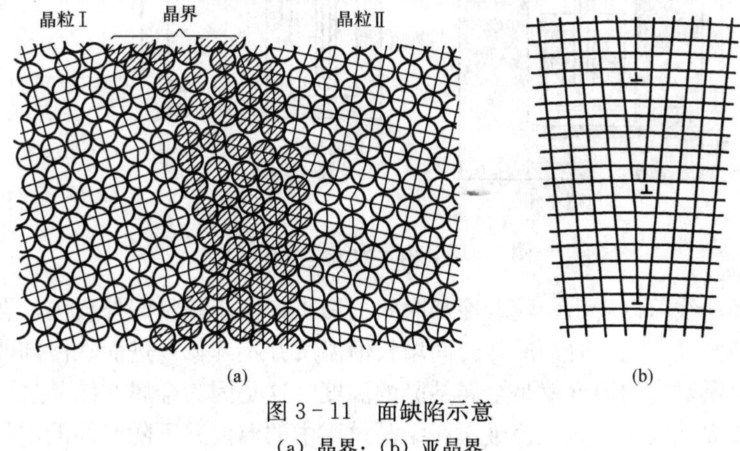

图 3-11　面缺陷示意

(a) 晶界；(b) 亚晶界

在面缺陷中，无论是晶界还是亚晶界都对金属力学性能的改变起到很大作用。

第三节 金属的结晶

固态物质按内部原子的排列分为晶体与非晶体。在晶体学中，将晶体由液态到固态的凝固称为结晶。大千世界的金属都是晶体，那么，金属从液态冷却转变为固态的过程，也就是原子由不规则排列的液体状态逐步过渡到原子做规则排列的晶体状态的过程，这一过程称为结晶过程，如图 3－12 所示。

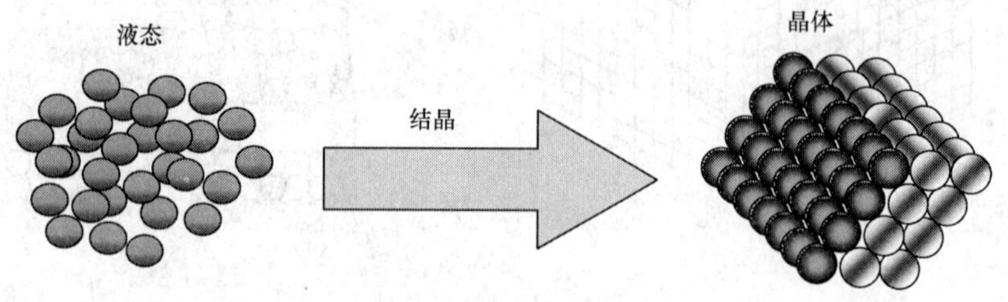

图 3－12 金属结晶过程的实质

金属的性能与金属结晶后所形成的组织有着密切关系，因此，研究金属结晶过程的基本规律对改善金属材料的组织和性能有重要意义。

一、金属的冷却曲线和过冷现象

1. 金属的冷却曲线

金属都有一个固定的结晶温度，也称凝固点。也就是说，金属的结晶过程是在一个恒定的温度下进行的，从结晶开始到结晶结束温度不发生变化。金属的结晶温度是由热分析实验法得到的。即将金属熔化成液体，然后将其缓慢冷却，在冷却过程中，每隔一定时间测量一次温度，将记录数据绘制在温度—时间坐标中，这样便可获得金属的冷却曲线，如图 3－13 所示。

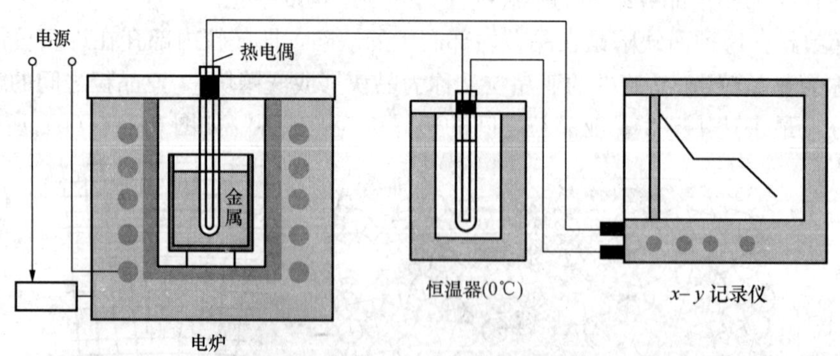

图 3－13 热分析实验装置示意

从金属冷却曲线可以看出，随着冷却时间的增长，由于热量向外损失，金属液的温度不断下降。当冷却到某一温度时，冷却时间增长但温度并不降低，进而在冷却曲线上出现一个平台，这个平台所对应的温度就是金属结晶的温度。这是因为金属在结晶过程中会释放结晶潜热，补偿向外界散失的热量，使金属在结晶过程中的温度并不随时间的增长而下降，直至金属结晶结束，温度又继续下降。

2. 过冷度

金属在缓慢的冷却速度（平衡状态）下冷却，所测得的结晶温度称为理论结晶温度，用符号 T_0 表示。在实际生产中，金属液体在结晶过程中的冷却速度很快，金属液只有冷却到理论结晶温度（即凝固点）以下的某个温度 T_1 时才结晶，这种现象称为过冷现象，T_1 称为实际结晶温度。对同一种金属，采用不同的冷却速度时，实际结晶温度 T_1 不同。冷却速度越快，实际结晶温度 T_1 越低。理论结晶温度和实际结晶温度之间的温度差称为过冷度，用 ΔT 表示：

$$\Delta T = T_0 - T_1$$

ΔT 与冷却速度有关，冷却速度越快，过冷度越大；冷却速度越慢，过冷度越小，如图 3-14所示。

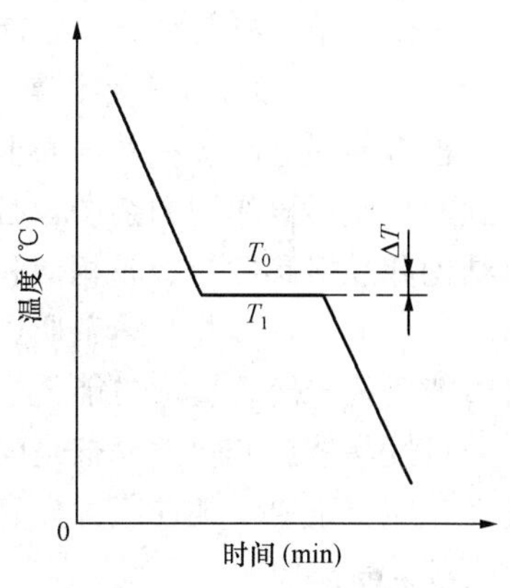

图 3-14　金属的冷却曲线

二、金属的结晶过程

1. 结晶的概念

(1) 近程有序。在液态金属中，相邻的原子之间仍按其固态排列规则排列，称为近程有序。这是由于液态下金属原子的结构与固态下金属原子的结构相同，原子之间的作用不变，在流动的液态中，相邻的原子之间仍会以固态下的排列规则排列，只是液态下的原子动能很高，原子不停地移动。因此，这种有序排列只是瞬间形成，瞬间消失。

(2) 远程无序。液态金属在大范围内排列无序，称为远程无序。

(3) 晶核。在液态金属中，存在着大量尺寸不同的近程有序的原子团，它们瞬间存在，瞬间消失，极其不稳定。当液态金属冷却到一定温度时，一些尺寸较大的原子团开始变得稳定（能量较低的原子群）而成为结晶的核心，称为晶核。根据晶核核心的元素，将晶核分为自发晶核与非自发晶核两类。

(4) 结晶。晶体凝固的过程称为结晶。

2. 金属的结晶过程

金属的结晶过程是在晶核形成与晶核长大的同时又形成新晶核的过程，如图 3-15 所示。

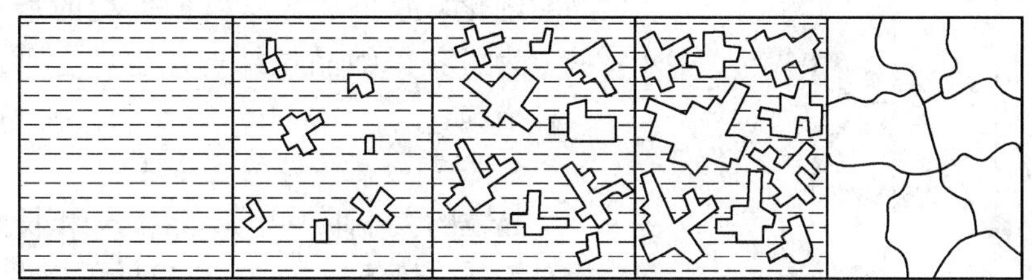

图 3-15　结晶过程示意

(1) 形核过程。形核过程有自发形核和非自发形核两种方式。

1) 自发形核。在液态下，金属中存在有大量尺寸不同的近程有序的原子团。当液体温度高于结晶温度时，它们瞬间形成，瞬间消失，极其不稳定，但当温度降低到结晶温度以下，并且过冷度达到一定的大小之后，液体进行结晶的条件具备时，液体中那些超过一定大小的短程有序原子团开始变得稳定，不再消失，而成为结晶核心——晶核。这种从液体内部自发长出的结晶核心称为自发晶核。

2）非自发形核。实际金属往往是不纯净的，内部总含有这样或那样的外来杂质。杂质的存在常能促进晶核在其表面上的形成。这种依附于杂质而生成的晶核称为非自发晶核。能起到非自发形核作用的杂质，必须符合“结构相似，尺寸相当”的原则。即只有当杂质的晶体结构和晶格参数与金属相似和相当时，它才能成为非自发核心的基底，容易在其上面生长出晶核。但是，一些难熔杂质虽然晶体结构与金属相差甚远，由于表面的微细凹孔和裂缝中有时能残留未熔金属，也能强烈地促进非自发晶核生成。

自发晶核和非自发晶核是同时存在的，在实际金属与合金的结晶过程中，非自发晶核比自发晶核更重要，往往起优先和主导的作用。

（2）晶核长大。

1）晶核长大（形成一次晶轴）。在晶核长大初期，小晶块的外形比较规则。

2）晶核继续长大（形成二次～n 次晶轴）。随着晶核的长大和晶体棱角的形成，由于棱边和尖角处的散热条件优越，晶粒在棱边和尖角处优先长大，晶体这样的生长方式就像树枝一样，即先长出枝干（一次晶轴），再长出分枝（二次晶轴～n 次晶轴）。晶体在成长的过程中为树枝状晶体，通常称为枝晶。枝晶继续长大，当与其他枝晶接触时，枝晶开始填补空隙，直至结晶结束。

3）新晶核的形成。在晶核长大的同时又有新的晶核形成，周而复始，直至结晶结束。结晶结束后，每个晶核成长为一个晶粒，在晶粒内部原子排列的位向相同（单晶体）。金属由这样许许多多的晶粒构成，形成了一个多晶体结构（晶粒与晶粒之间的位向不同）。

（3）描述结晶过程的两个参数。

形核率：单位时间、单位体积的液体中形成的晶核数量，用 N 表示。

长大速度：晶核生长过程中，晶核单位时间内长大的线速度，用 G 表示。

三、金属结晶后晶粒的大小与控制

实际金属结晶以后，获得由大量晶粒组成的多晶体。对于金属，决定其力学性能的主要因素是晶粒大小。在一般情况下，晶粒越小，金属的强度、塑性和韧性越好。所以，工程上使晶粒细化，是提高金属机械性能的最重要途径之一。为了获得细晶粒结构，生产上可以采用以下三种措施。

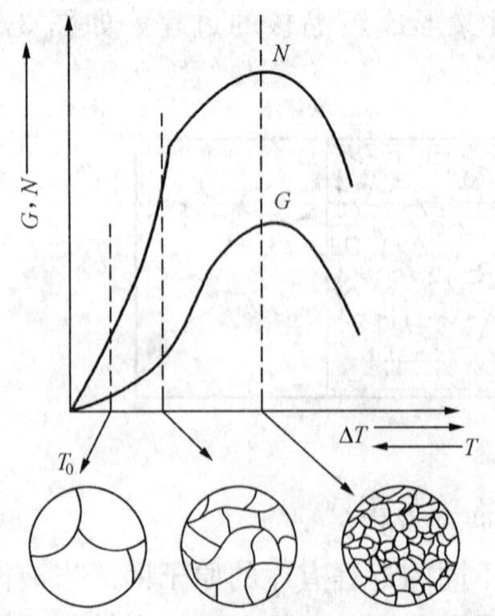

图 3-16 金属晶粒大小与过冷度的关系

1. 提高金属冷却的过冷度

晶粒的大小取决于形核率 N 和长大速度 G 的相对关系（比值），而 N 和 G 的值以及它们的比值又取决于过冷度，所以晶粒大小可通过调整过冷度来控制，如图 3-16所示。随着过冷度的增大，N 和 G 值增大，但 N 的增大速度更快，因而比值 N/G 也增大，结果晶粒细化。这种方法适用于中小型铸件。

2. 变质处理

金属的体积较大时，难以获得大的过冷度。对于形状复杂的铸件，常常不允许过多地提高冷却速度。生产上为了得到细晶粒铸件，多采用变质处理。所谓变质处理就是在液体金属中加入孕育剂或变质剂，以细化晶粒和改善组织。变质剂的作用在于增加晶核的数量或者阻碍晶核长大。

3. 振动处理

金属结晶时，对金属液进行机械振动、超声波振动、电磁振动等，使生长中的枝晶破碎，从而提高形核率，达到细化晶粒的目的。

第四节 金属的同素异构转变

大多数金属在结晶结束后继续冷却的过程中，其晶体结构不再发生变化。但有些金属如铁、钴、钛等，在固态下因所处温度不同而具有不同的晶格形式，原子的排列方式随温度的变化而发生变化。这种金属在固态下随温度的改变由一种晶格改变为另一种晶格的变化，称为同素异构转变或同素异晶转变。由同素异构转变所得到的不同晶格类型的晶体称为同素异构体或同素异晶体。常温下的同素异构体用符号 α 表示，温度较高时的同素异构体依次用 β、γ、δ 符号表示。

下面以铁为例来进一步了解同素异构转变。纯铁从液态结晶为固态后，继续冷却到 1394℃及 912℃时，先后发生两次晶格类型的转变。因为同素异构转变有热效应产生，所以在纯铁的冷却曲线上，在 1394℃及 912℃处出现平台。其同素异构转变如下：

$$\delta-\mathrm{Fe} \xrightleftharpoons{1394℃} \gamma-\mathrm{Fe} \xrightleftharpoons{912℃} \alpha-\mathrm{Fe}$$

温度低于 912℃的铁的晶格为体心立方，称为 α－Fe；温度在 912～1394℃的铁的晶格为面心立方，称为 γ－Fe；温度在 1394～1538℃的铁的晶格为体心立方，称为 δ－Fe，如图 3－17所示。

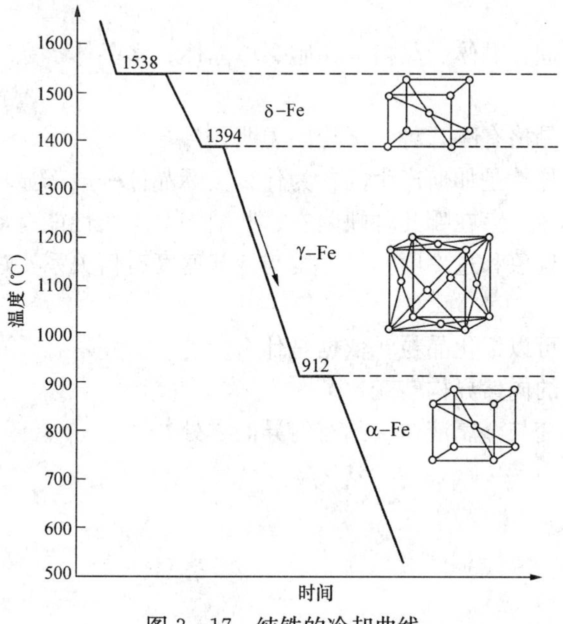

图 3－17 纯铁的冷却曲线

第五节 金属的结晶实验

一、实验目的

了解金属的结晶过程、过冷现象及过冷度与冷却速度的关系。

二、实验设备及材料

(1) 热分析实验装置。

(2) 金属材料。

三、实验步骤

(1) 在教师指导下，了解热分析实验装置的结构及原理。

(2) 在教师指导下，对所试验的材料进行加热直至熔解。

(3) 在教师指导下，进行液态金属的降温。

(4) 观察冷却曲线的形成。

四、实验报告

(1) 写出实验目的。

(2) 简述实验过程及原理。

(3) 在表 3-1 中填写实验结果。

表 3-1 过冷度现象与过冷度

材料	冷却速度	理想结晶温度	实际结晶温度	过冷度	结论

习 题

3-1 解释下列名词：晶体、晶格、晶胞、单晶体、多晶体、晶粒、晶界、亚晶粒、亚晶界。

3-2 常见的金属晶格有哪几种？试绘图说明。

3-3 晶格的各向异性是如何产生的？为什么实际晶体一般都显示不出各向异性？

3-4 实际金属晶体中存在哪几种缺陷？这些缺陷对金属性能有何影响？

3-5 什么是过冷现象和过冷度？过冷度与冷却速度有何关系？过冷度对晶粒的大小有何关系？

3-6 用哪些方法可以细化晶粒？依据是什么？

3-7 什么是金属的同素异构转变？

3-8 同素异构转变与金属液体结晶有何异同之处？

第四章 金属的塑性变形与再结晶

在机械制造中，金属材料经过冶炼、铸造获得铸锭后，可通过塑性加工的方法获得具有一定形状、尺寸和力学性能的毛坯或零件。塑性加工包括锻压、轧制、挤压、拉拔、冲压等，如图 4－1 所示。

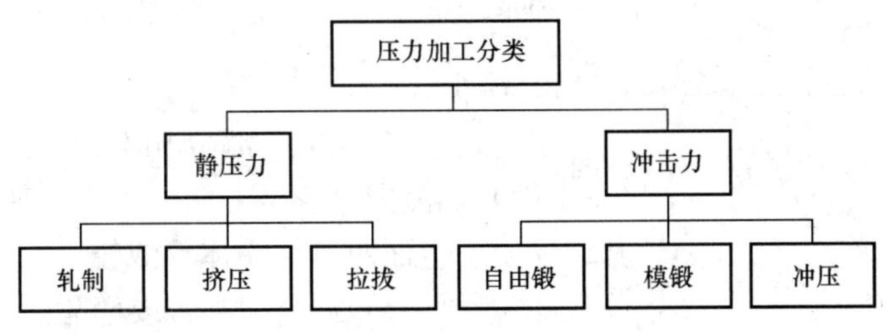

图 4－1 金属塑性变形的加工方法

金属在承受塑性加工时，产生塑性变形，宏观上改变了材料的形状和尺寸，微观上改变了金属的组织结构。金属的塑性变形对材料的性能产生重要的影响，是金属材料重要的强化手段。因此，研究金属塑性变形的过程，了解金属变形时组织与性能的变化规律，以及加热对变形金属的影响，对金属加工工艺的制订、加工质量和使用都具有重要的意义。

第一节 金属的塑性变形

金属在外力的作用下产生变形，其变形过程包括弹性变形和塑性变形两个阶段。

弹性变形是由于外力克服原子间的作用力，是原子之间的距离发生改变，原子偏离原来平衡位置而产生的，当外力去除后，原子间的偏离恢复，即原子回到原来的平衡位置，金属恢复到原来的形状。金属产生弹性变形后，其组织和性能不发生变化。

金属的塑性变形过程比弹性变形复杂，而且塑性变形后金属的组织和性能发生变化。金属的塑性变形包括单晶体的塑性变形与多晶体的塑性变形。

弹性变形在外力去除后能够完全恢复，所以对金属材料施加的力没有超过弹性变形力，则不能使材料发生永久变形，只有对材料施加使之发生塑性变形的力，才能进行材料的成形加工。

工业用金属材料大多是由多晶体构成的，要研究多晶体的塑性变形，必须首先了解单晶体的塑性变形。

一、单晶体的塑性变形

单晶体塑性变形的基本方式有两种：滑移和孪生。

1. 滑移

滑移是指在切应力的作用下，晶体的一部分沿一定的晶面（滑移面）上的一定方向（滑移方向）相对于另一部分发生滑动，如图 4－2 所示。

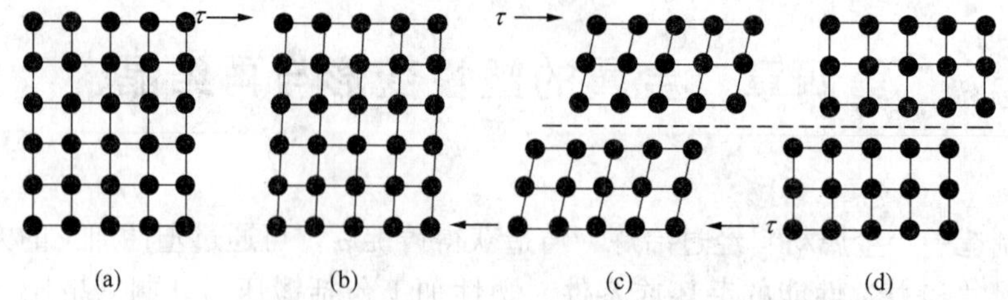

图 4－2　单晶体在切应力作用下的变形

(a) 未变形；(b) 弹性变形；(c) 弹、塑性变形；(d) 塑性变形

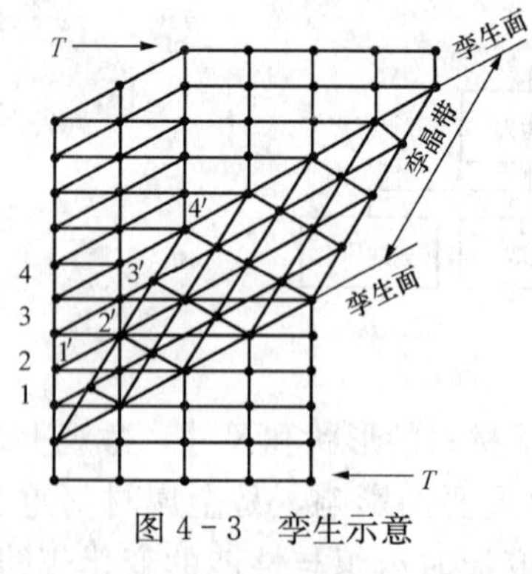

图 4－3　孪生示意

2. 孪生

孪生是指晶体的一部分相对于另一部分沿一定晶面（孪生面）和晶向（孪生方向）发生切变，如图 4－3所示。其结果使孪生面两侧的晶体形成镜面对称。发生孪生的部分（即切变部分）称为孪晶带或孪晶。

二、多晶体的塑性变形（实际金属的塑性变形）

常用金属材料都是多晶体。多晶体中各相邻晶粒的位向不同，并且各晶粒之间由晶界相连接，因此，多晶体的塑性变形主要具有以下特点。

1. 晶粒位向的影响

由于多晶体中各个晶粒的位向不同，在外力的作用下，有的晶粒处于有利于滑移的位置，有的晶粒处于不利于滑移的位置。当处于有利于滑移位置的晶粒要进行滑移时，必然受到周围位向不同的其他晶粒的约束，使滑移的阻力增加，从而提高塑性变形的抗力。同时，多晶体各晶粒在塑性变形时，受到周围位向不同的晶粒与晶界的影响，使多晶体的塑性变形呈现逐步扩展和不均匀的形式，其结果之一就是产生内应力。

2. 晶界的作用

晶界对塑性变形有较大的阻碍作用。图 4－4 所示为只包含两个晶粒的试样在拉伸时的变形情况。由图 4－4 可见，试样在晶界附近不易发生变形，出现“竹节”现象。这是因为晶界处原子排列比较紊乱，阻碍位错的移动，因而阻碍了滑移。很显然，晶界越多，晶体的塑性变形抗力越大。

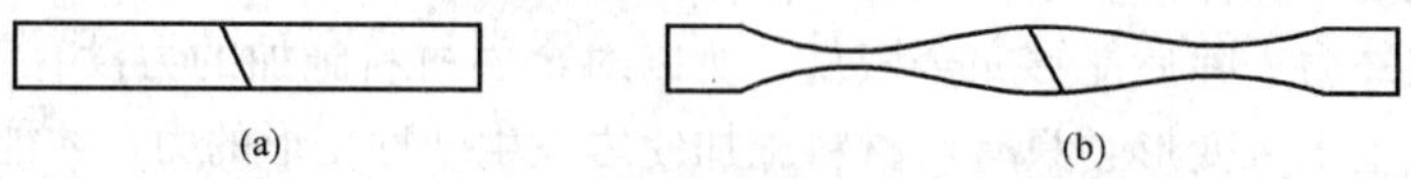

图 4－4　两个晶粒试样在拉伸时的变形

(a) 变形前；(b) 变形后

3. 晶粒大小的影响

在一定体积的晶体内，晶粒的数目越多，晶界就越多，晶粒也越细，并且不同位向的晶粒越多，因而塑性变形抗力也越大。细晶粒的多晶体不仅强度较高，而且塑性和韧性也较好。这是因为晶粒越细，在同样的变形条件下，变形量可分散在更多的晶粒内进行，各晶粒

的变形比较均匀，而不致过分集中在少数晶粒上，使其变形严重。另一方面，晶粒越细，晶界就越多，越曲折，有利于阻止裂纹的传播，使其断裂前能承受较大的塑性变形，吸收较多的功，表现出较好的塑性和韧性。由于细晶粒金属具有较好的强度、塑性和韧性，故生产中经常尽可能地细化晶粒。

第二节　冷塑性变形对金属组织和性能的影响

冷塑性变形不但改变了金属的形状和尺寸，还使其组织与性能发生了重大变化。

一、形成纤维组织

冷塑性变形时会引起晶粒变形（被拉长或压扁），晶粒沿最大变形方向伸长，形成纤维组织，如图 4-5所示。形成纤维组织后，金属的性能会具有明显的方向性（各向异性），同时，由于各晶粒变形不均匀，使金属在冷塑性变形后内部存在着残余应力。

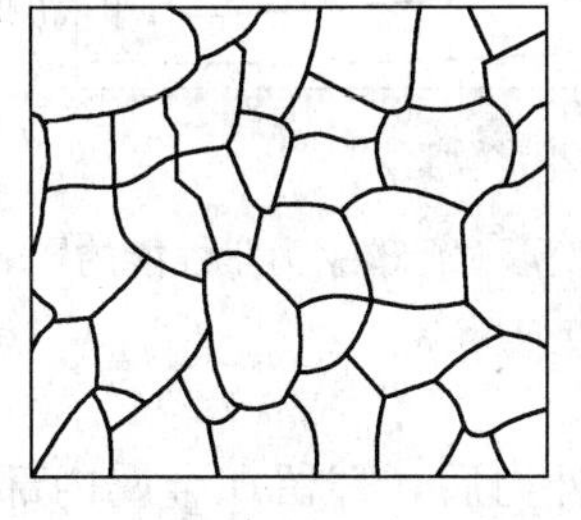
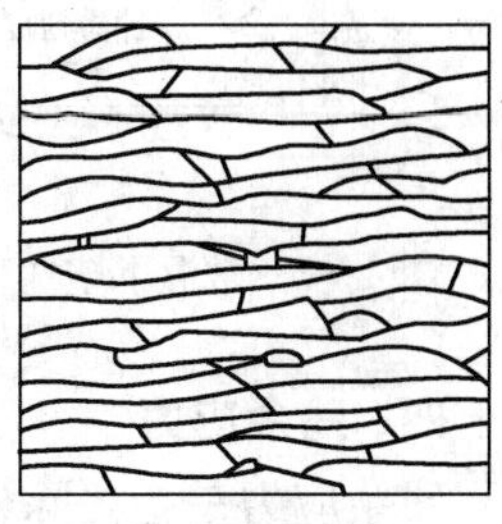

图 4-5　冷塑性变形时晶粒形状变化示意

二、形成形变织构

金属经冷拔、冷轧等加工变形时，不同位相的晶粒随着变形程度的增加，在进行滑移的同时其滑移系也发生转动。当变形达到一定程度后，各晶粒的取向基本一致，此过程称为择优取向。多晶体金属形变后具有择优取向的晶体结构，称为形变织构。

金属在塑性变形时，晶体的滑移面和滑移方向都要向主形变方向转动，是滑移层逐渐向与拉力轴平行。由于各个晶粒的某些相同的滑移系（指数相同的晶面和晶向），在形变量较大时，都逐渐趋向与拉力轴平行，也就是说，原来是任意取向的各个晶粒在空间取向上呈现一定程度的规律性，这就形成了晶体的择优取向，这种组织状态称为形变织构。

常见形变织构类型有以下两种（见图 4-6）：

(1) 板织构。轧板时形成的形变织构称为板织构，其主要特征为各晶粒的某一晶面和晶向分别趋于平行于轧制面和轧制方向。

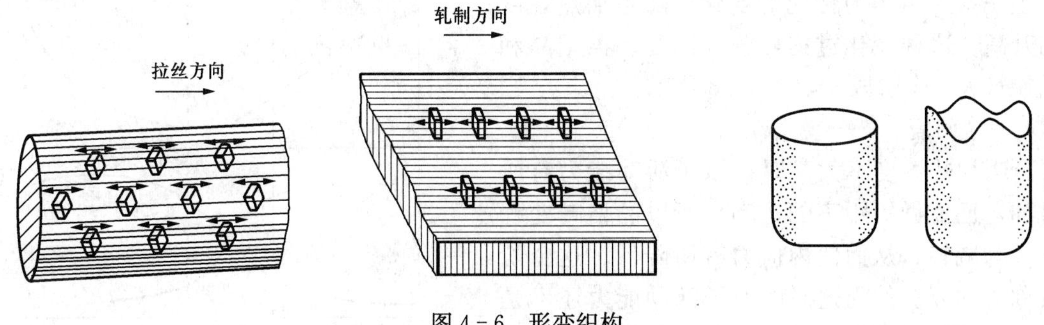

图 4-6　形变织构

(2) 丝织构。拉丝时形成的形变织构称为丝织构，其主要特征为各晶粒的某一晶向趋于平行于拉拔方向。

形变织构使金属产生各向异性等。

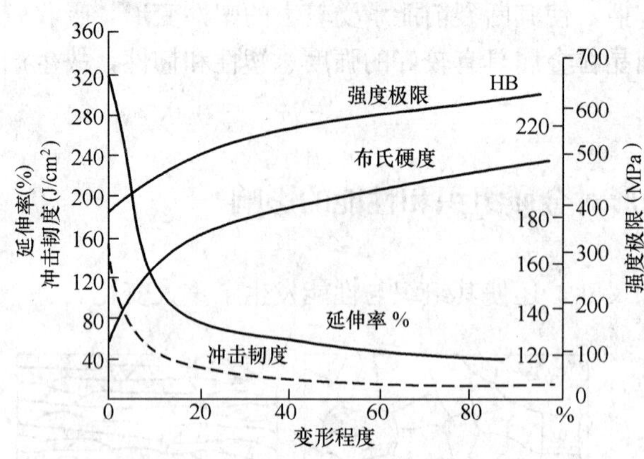

图 4－7 常温下塑性变形对低碳钢力学性能的影响

三、加工硬化

随着变形的增加，金属的强度和硬度升高，塑性、韧性降低的现象称为加工硬化。其原因是：位错密度随变形量增加而增加，从而使变形抗力增大；变形量增加，亚结构细化，亚晶界对位错运动有阻碍作用；变形量增加，空位密度增加，几何硬化。由于塑性变形时晶粒方位的转动，使各晶粒由有利位向转到不利位向，因而变形抗力增大。图 4－7所示为常温下塑性变形对低碳钢力学性能的影响。

四、残余应力

残余应力是指去除外力后，残留在金属内部的应力。残余应力分为以下三类。

(1) 宏观残余应力：由工件不同部分的宏观变形不均引起。

(2) 微观残余应力：由晶粒或亚晶粒之间的变形不均产生。

(3) 点阵畸变：由工件在塑性变形中形成的大量点阵缺陷（如空位、间隙原子、位错等）引起。

残余应力的产生使材料变脆，耐腐蚀性降低。

第三节 金属的回复与再结晶

经过冷塑性变形的金属，其组织结构发生变化，而且因金属各部分变形不均匀，会引起金属内部残余内应力，使金属处于不稳定状态，并使其具有恢复到原来稳定状态的自发趋势。在常温下，由于金属原子的活动能力较弱，这种恢复过程很难进行。例如，对冷塑性变形的金属进行加热，使原子活动能力增强，就会发生一系列组织与性能的变化。随着加热温度的升高，这种变化过程可分为回复、再结晶和晶粒长大三个阶段，如图 4－8 所示。

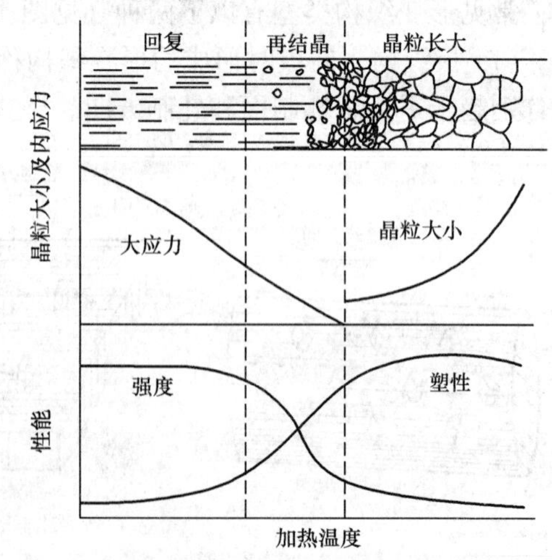

图 4－8 加热温度对冷塑性变形金属组织和性能的影响

一、回复

当加热温度不太高时，原子活动能力有所增加，已能做短距离的运动，所以晶格畸变程度大为减轻，从而使内应力有所降低。这个阶段称为回复。然而这时的原子活动能力还不是很强，所以金属的显微组织无明显变化，因此，力学性能也无明显改变，如图 4－9 (b) 所示。

二、再结晶

当冷塑性变形金属加热到较高温度时，原子活动能力增加，原子可以离开原来的位置重新排列。由畸变晶粒通过形核及晶核长大，形成新的无畸变等轴晶粒的过程，称为再结晶。再结晶过程首先是在晶粒碎化最严重的地方产生新晶粒的核心，然后晶核吞并旧晶粒而长大，直到旧晶粒完全被新晶粒代替为止。

再结晶与液体结晶及同素异构转变的重结晶不同。再结晶过程并未形成新相，新形成的晶粒在晶格类型上与原来晶粒是相同的，只是消除了因塑性变形而造成的晶格缺陷，如图 4-9（c）所示。

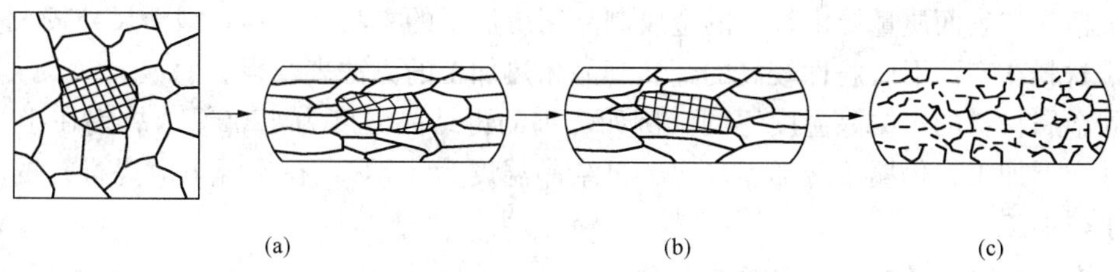

(a) (b) (c)

图 4-9 金属的回复和再结晶示意

(a) 塑性变形后的组织；(b) 金属回复后的组织；(c) 再结晶组织

对于工业用纯金属（纯度大于 99.9%），其再结晶温度与熔点间的关系可按式（4-1）计算：

$$T_{再} = (0.35 \sim 0.4)T_{熔} \quad (4-1)$$

式中：$T_{再}$ 为金属的再结晶温度，K；$T_{熔}$ 为金属的熔点，K。

实际生产中，为了消除加工硬化，必须进行中间退火。经冷变形后的金属加热到再结晶温度以上 100～200℃，保温适当时间，使变形晶粒重新结晶为均匀的等轴晶粒，以消除加工硬化和残余应力的退火，称为再结晶退火。

三、晶粒长大

再结晶后的金属一般都得到细小而均匀的等轴晶粒。如果继续升高温度或延长保温时间，再结晶后的晶粒又以相互吞并的方式长大，如图 4-10 所示。应注意避免这种使晶粒长大而导致晶粒粗大、力学性能变坏的情况。

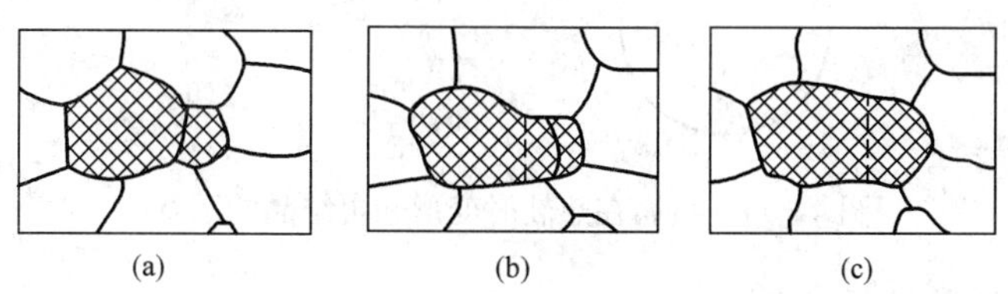

(a) (b) (c)

图 4-10 晶粒长大示意

第四节 金属的热塑性变形

一、热加工与冷加工的区别

金属的热塑性变形加工与冷塑性变形加工是以金属的再结晶温度来划分的。凡是在再结晶温度以上进行的塑性变形加工，称为热加工；在再结晶温度以下进行的塑性变形加工，称为冷加工。冷加工时，不能发生再结晶过程，必然产生冷变形强化现象。热加工时，金属的塑性变形与再结晶过程同时发生，所产生的变形强化被再结晶消除。因此，热加工后并不保留塑性变形带来的强化效果。

金属冷加工时，由于产生冷变形强化，使变形抗力增大，因此，对于那些要求变形量较大和截面尺寸较大的工件，冷加工将是十分困难的。热加工时，随金属温度的升高，原子间的结合力减小，冷变形强化被自动消除，金属的强度和硬度降低，塑性和韧性增加，所以，热加工可用较小的能量消耗来获得较大的变形量。一般情况下，截面尺寸较小、材料塑性较好、加工精度和表面质量要求较高的金属制品用冷加工的方法来获得；截面尺寸较大、变形量较大，材料在室温下硬脆性较高的金属制品用热加工的方法来获得。

不同金属材料的再结晶温度不同。例如，钨的再结晶温度为1200℃，故钨在1000℃时进行塑性变形加工，仍属于冷加工；锡的再结晶温度为－7℃，在室温下对锡进行的塑性变形已属于热加工。

二、热加工对金属组织、性能的影响

1. 消除铸态金属的某些缺陷

(1) 热加工能使铸态金属中的气孔、疏松、微裂纹焊合，提高金属的致密度；减轻甚至消除树枝晶偏析和改善夹杂物、第二相的分布等；明显提高金属的机械性能，特别是韧性和塑性。

(2) 热加工能打碎铸态金属中的粗大树枝晶和柱状晶，并通过再结晶获得等轴细晶粒，而使金属的机械性能全面提高，如图4-11所示。但这与热加工的变形量和加工终了温度关系很大，一般变形量应大些，加工终了温度不能太高。

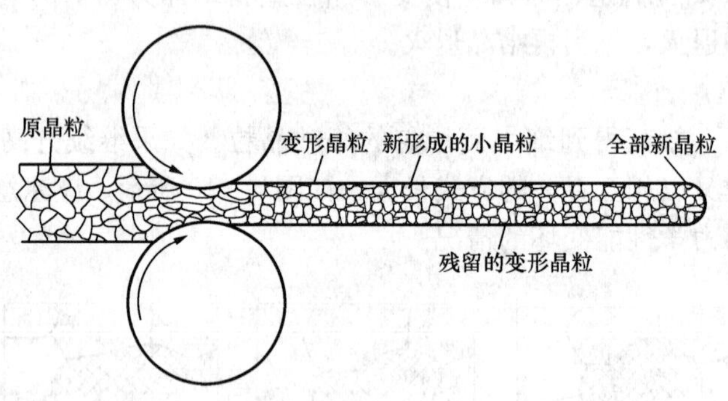

图4-11 金属在热轧时变形和再结晶的示意

2. 形成热加工纤维组织

热加工能使金属中残存的枝晶偏析、可变形夹杂物和第二相沿金属流动方向被拉长，形成纤维组织（或称“流线”），使金属的机械性能特别是塑性和韧性具有明显的方向性，纵向上的性能显著大于横向上的性能。因此，热加工时应力求工件流线分布合理。

锻造曲轴的合理流线分布，可保证曲轴工作时所受的最大拉应力与流线一致，而外加剪切应力或冲击力与流线垂直，使曲轴不易断裂。切削加工制成的曲轴，其流线分布不合理，易沿轴肩发生断裂，如图4-12所示。

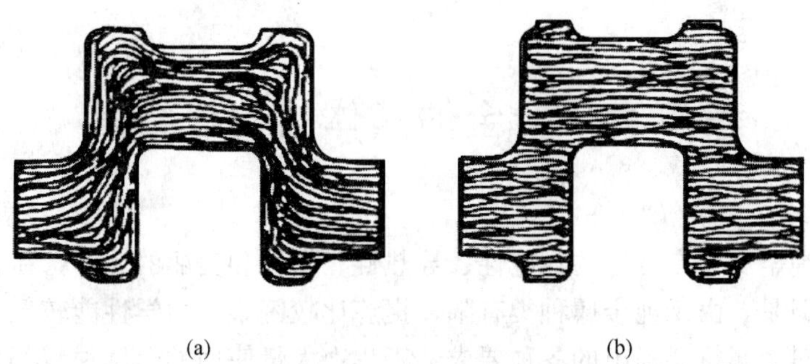

(a)　(b)

图 4-12　曲轴流线分布
(a) 锻造曲轴；(b) 切削加工曲轴

只能通过适当的塑性变形来改善流线的分布。如果钢的铸态组织中存在着比较严重的偏析，或热加工时温度过低，则钢中常出现沿变形方向呈带状或层状分布的显微组织，称为带状组织。带状组织是一种缺陷，它会使钢的力学性能下降。带状组织可以用热处理的方法消除。

习　题

4-1　什么是金属的塑性变形？塑性变形有哪几种方式？
4-2　简述单晶体和多晶体的塑性变形的区别。
4-3　单晶体的塑性变形有哪几种方式？
4-4　为什么说单晶体的塑性变形比多晶体的塑性变形简单？
4-5　什么是回复？什么是再结晶？
4-6　再结晶与重结晶的区别有哪些方面？
4-7　塑性变形对金属性能的影响有哪些？
4-8　简述加热温度对冷塑性变形金属的组织和性能的影响。
4-9　简述加热温度对热塑性变形金属的组织和性能的影响。

第五章　合金的晶体结构与结晶

一般而言，纯金属具有良好的导电性、导热性、塑性和美丽的光泽，在日常生活中获得了广泛的应用。但是，由于纯金属种类有限，提炼比较困难，力学性能较低，无法满足人们在生产和生活中对金属材料提出的各种要求。工程上大量使用的金属材料都是根据实际需要配置的成分不同的合金，合金具有比纯金属更优秀的力学性能和某些特殊的物理、化学性能，如碳钢、铸铁、黄铜等都是合金。

第一节　合金的晶体结构

一、合金的基本概念

1. 合金

合金是指由两种或两种以上的金属元素或金属与非金属元素组成的具有金属特性的物质，合金具有比纯金属更优秀的使用性能和工艺性能，是工程上使用最多的金属材料。

2. 组元

组成合金的基本物质称为组元。组元通常是纯元素，也可以是稳定的化合物。例如，铸铁和钢由 Fe 和 C 两种元素（组元）组成，黄铜由 Cu 和 Zn 两种元素（组元）组成。根据组成合金的组元数目，可将合金分为二元合金、三元合金、多元合金。铸铁、钢、黄铜都是由两个组元组成的合金，因此都称为二元合金。

3. 合金系

相同组元按不同比例配制的一系列不同成分的合金，构成一个合金系。例如，20 钢、45 钢为铁、碳合金系，均由 Fe 和 C 两种元素（组元）组成，只是两种元素（组元）的成分不同。

4. 相

相是指在金属组织中化学成分、晶体结构和物理性能相同的组成部分。相与相之间具有明显的界面，称为相界面。如果合金是由成分、结构都相同的同一种晶粒构成的，各个晶粒之间虽然有晶界分开，但它们仍属于同一种相。如果合金是由成分、结构都不相同的几种晶粒构成的，则它们属于不同的相。例如，在室温下，工业纯铁是由单相铁素体构成的，而碳的质量分数为 0.45％的碳钢则是由铁素体和渗碳体两相构成的。

5. 显微组织

显微组织泛指用金相观察方法看到的由形态、尺寸不同和分布方式不同的一种或多种相构成的总体。

二、合金的晶体结构

如果将合金加热到熔化状态，组成合金的各个组元可以互相溶解形成均匀的、单一的液相，但经冷却结晶后，由于各组元之间的相互作用不同，在固态合金中将形成不同的相，其原子排列的方式也不同。相的晶体结构称为相结构，合金中的相结构可分为固溶体和金属化合物两大类。

1. 固溶体

当合金由液态结晶为固态时，组元之间互相溶解而形成的均匀相称为固溶体，固溶体的晶体结构与其中某一组元的晶体结构相同而其他组元的晶体结构将消失。能够保留晶体结构的组元称为溶剂，晶体结构消失的组元称为溶质。因此，固溶体的晶体结构与溶剂的晶体结构相同，而溶质则以原子状态分布在溶剂晶格中。根据溶质原子在溶剂晶格中的分布情况，可将固溶体分为间隙固溶体和置换固溶体两类。

(1) 置换固溶体。溶质原子和溶剂原子的半径尺寸相差较小，形成固溶体时溶质原子替换了溶剂晶格中的一部分原子，溶质原子占据晶格的正常结点，这些结点上的溶剂原子被溶质原子所替换，形成置换固溶体。有些置换固溶体的溶解度有限，称为有限固溶体，但当溶剂与溶质原子的半径尺寸相差较小，并具有相同的晶格类型时，它们可以按任意比例溶解，这种置换固溶体称为无限固溶体，如图 5－1 (b)、(c) 所示。

(2) 间隙固溶体。溶质原子不占据正常的晶格结点，而是嵌入晶格间隙中，由于溶剂的间隙尺寸和数量有限，所以只有原子半径较小的溶质才能溶入溶剂中形成间隙固溶体，且这种固溶体的溶解度有限，如图 5－1 (a) 所示。

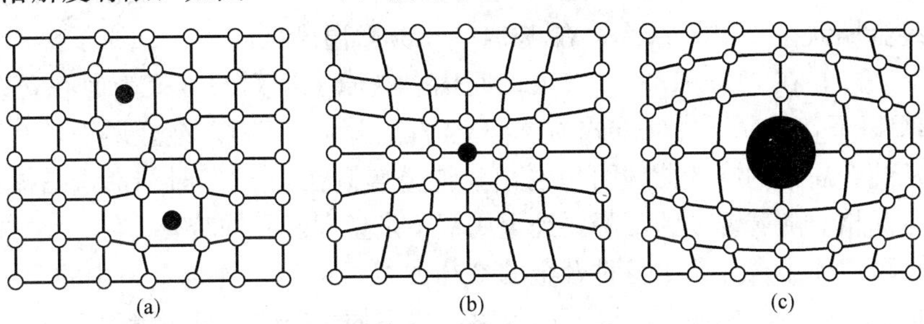

图 5－1　间隙固溶体和置换固溶体

(a) 间隙固溶体；(b)、(c) 置换固溶体

●—溶质原子　○—溶剂原子

无论形成哪种固溶体，都将破坏原子的规则排列，使晶格发生畸变，随着溶质原子数量的增加，晶格畸变增大。晶格畸变导致变形抗力增加，使固溶体的强度增加，所以获得固溶体可提高合金的强度、硬度，这种现象称为固溶强化。固溶强化是提高金属材料性能的重要途径之一。

2. 金属化合物

合金中各组元间发生相互作用而形成的具有金属特性的一种新相，其晶体结构一般比较复杂，而且不同于任一组成元素的晶体类型。它的组成一般可用分子式来表示，如铁碳合金中的 Fe_3C (渗碳体)，如图 5－2 所示。

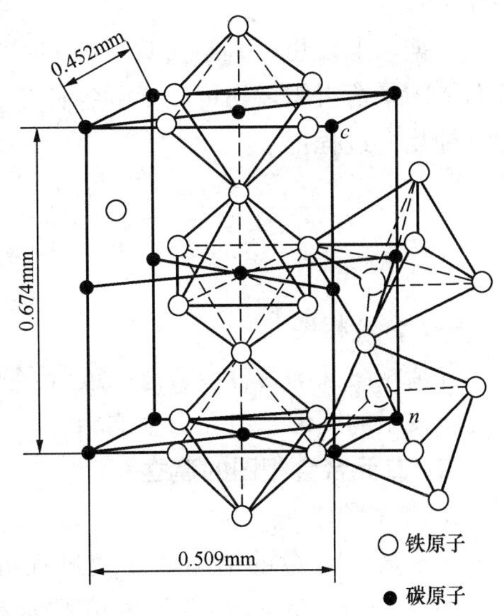

图 5－2　Fe_3C 的晶体结构

金属化合物的熔点较高，硬而脆，在合金中存在时，通常能提高合金的强度、硬度和耐磨性，但

会使合金的塑性、韧性降低，金属化合物是各类合金钢、硬质合金及非铁金属中的重要组成相。

第二节 合金的结晶

一、合金的结晶规律

合金的结晶与纯金属一样，也遵循形核与核长大的规律。但由于合金成分中包含有两个或两个以上的组元，其结晶过程除受温度影响外，还受到化学成分及组元间相互作用不同等因素的影响，故结晶过程比较复杂。合金结晶有以下几个突出特点：

(1) 结晶过程不是在等温下进行，结晶开始到结晶结束温度在不断下降，这是因为合金是由两种或两种以上组元组成的。

(2) 结晶出的固相成分与液相成分不同，这是组元互相作用的结果。

(3) 形成单相、两相混合物、单相与两相混合物。

二、合金结晶规律用合金相图表示

通过纯金属的冷却曲线可知该种金属在不同温度下的平衡状态，例如，从纯铁的冷却曲线可以知道纯金属铁在1538℃结晶；在1394～1538℃温度区间内，铁原子排列方式为体心立方晶格（δ-Fe）；在912～1394℃温度区间内，铁原子排列的方式为面心立方晶格（γ-Fe）；在912℃以下，铁原子排列方式为体心立方晶格（α-Fe）。纯金属铁具有同素异构转变的性能。从纯金属铜的冷却曲线可以看出，纯金属铜在1083℃时结晶，晶体内部原子排列为六排密方晶格，随着温度的下降，纯金属铜不发生同素异构转变。

同样，也可以作出合金系中各种合金的冷却曲线，但是一种合金系中的合金有无数种，每一种合金都有一张冷却曲线图，既不好保存，也不便于查阅，且不能很直观地表示整个合金系中每一种合金在各种温度下的状态，以及它们的共性、特性。那么，如果设想将整个合金系所有合金的冷却曲线归纳在一个坐标系中，有利于直观地研究整个合金系中各种合金的共性和特性。

根据以上设想，人们发明了合金相图。从合金相图中，不仅可以看到不同成分的合金在室温下的平衡组织，还可以了解各种合金从高温液态以极缓慢的冷却速度冷却到室温所经历的各种相变过程。

第三节 二元合金相图

一、合金相图

合金相图又称为合金状态图或合金平衡图，它是表示在平衡条件下合金状态、成分和温度之间关系的图形。二元合金的相图称为二元合金相图。

二、二元合金相图的建立

1. 相图的概念

纯金属及合金的结晶及冷却过程可以用冷却曲线来表示。如果将纯金属铜的冷却曲线上的相变点，投影到表示温度的纵坐标轴上，则得到一个相应的点，该点表示纯金属铜的相变点（液态转变为固态的温度点），如图5-3所示。如果将纯金属铁冷却曲线上的相变点，投影到表示温度的纵坐标轴上，则得到几个相应的相变点，如图 5－4 所示。

由此可知，利用一条纵坐标轴便可以表示出纯金属或合金在加热或冷却时的组织转变过程，将这个纵坐标称为相图。

对于合金系，可以将每一种合金的相图集合在一个坐标系中，建立一个合金系相图。

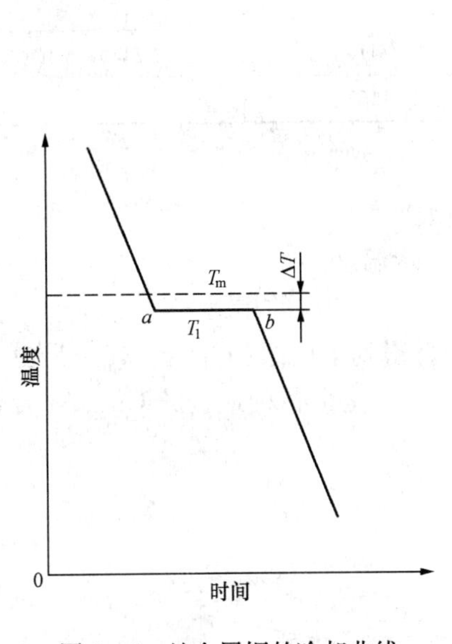

图 5－3　纯金属铜的冷却曲线

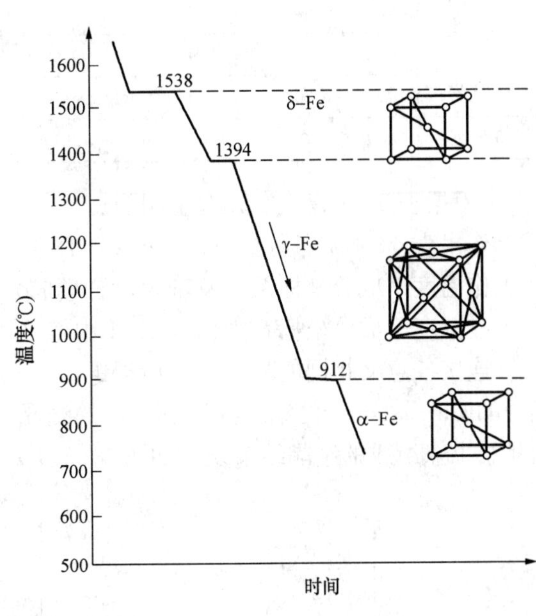

图 5－4　纯金属铁的冷却曲线

2. 二元合金系相图的建立过程

二元合金相图是在热平衡条件下，利用热分析试验法建立的。下面以 Cu－Ni 合金为例进行介绍。

(1) 配置一系列成分不同的 Cu－Ni 合金，见表 5－1。

(2) 将各组合金分别加热至液态。

(3) 在平衡状态下冷却（极其缓慢地冷却）。

在冷却过程中利用热分析的方法测出各 Cu－Ni 合金的相变点（结晶开始点和结晶结束点），见表 5－1。

分析实验结果：

纯金属铜、镍在结晶过程中温度不变，即开始温度与结晶结束温度相同。其结论为

$$Q_{潜热}=Q_{散失} \tag{5-1}$$

式中：$Q_{潜热}$ 为结晶时放出的热量；$Q_{散失}$ 为冷却时散失的热量。

合金在结晶过程中，温度一直在下降，结晶开始的温度与结晶结束的温度不相等，结晶是在某一个温度范围内进行的。其结论为

$$Q_{潜热}\neq Q_{散失} \tag{5-2}$$

这也说明合金在结晶的过程中由于组元之间的相互作用，而导致合金的结晶过程比纯金属的结晶过程要复杂得多。

表 5-1 **Cu-Ni 合金的成分和实验结果**

序号	合金成分(%)		相变点(℃)	
	Cu	Ni	开始结晶温度	结晶结束温度
1	100	0	1083	1083
2	80	20	1175	1130
3	60	40	1206	1195
4	40	60	1340	1270
5	20	80	1410	1360
6	0	100	1455	1455

(4) 根据表 5-1 建立二元合金相图。

1) 作出表 5-1 中各种成分的 Cu-Ni 合金的冷却曲线。

2) 作温度—成分坐标系，X 轴表示合金成分，Y 轴表示温度。

3) 在温度—成分坐标系中作表 5-1 中各种成分的 Cu-Ni 合金的相图。

4) 连接各意义相同的相变点，所得的线称为相界线。得到了两组相界线：其一是由各种成分的 Cu-Ni 合金的结晶开始点组成的结晶开始线，其二是由各种成分的 Cu-Ni 合金的结晶结束点组成的结晶结束线，如图 5-5 所示。

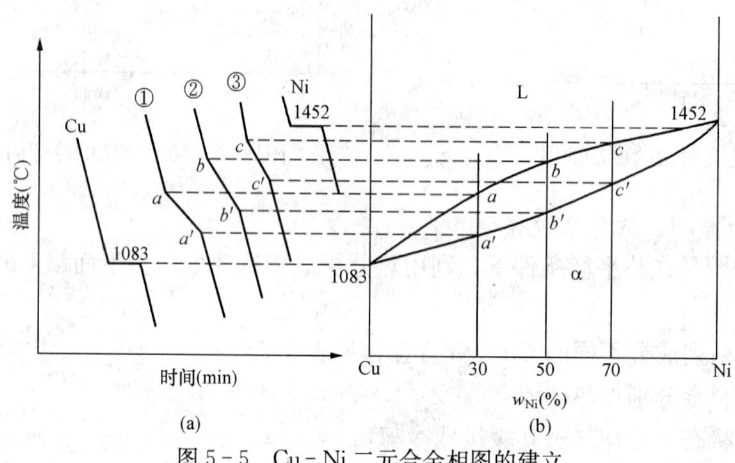

图 5-5 Cu-Ni 二元合金相图的建立

(a) 冷却曲线；(b) 相图

3. Cu-Ni 二元合金相图的相、线、区

(1) Cu-Ni 二元合金相图的相。

液相：L。

液相+固相：L+α。

固相：α。

(2) Cu-Ni 二元合金相图的线（相界线）。

1) 液相线（结晶开始线）。液相线是由 Cu-Ni 合金系中所有铜、镍合金开始结晶的温度点组成的线。以结晶开始线为界，结晶开始线以上为液相，结晶开始线以下到固相线以上为液—固共存。将结晶开始线称为液相线。

2) 固相线（结晶结束线）。固相线是由 Cu-Ni 合金系中所有铜、镍合金结晶结束的温度点组成的线。以结晶结束线为界，结晶结束线以下为固态，以上为液—固共存，将结晶结束线称为固相线。

(3) Cu－Ni 二元合金相图的区。相图中由相界线划分出来的区域称为相区，表明在此范围内存在的平衡相类型和数目。在 Cu－Ni 二元合金相图液相线以上为单相液相区，在固相线以下为单相 α 固相区，两线之间为 L＋α 两相区。

通过建立 Cu－Ni 二元合金相图可知，复杂的合金系相图是由组成合金系的所有合金的相图组成的。因此，配制的合金数目越多，合金系的相图越精确。

二元合金相图除用热分析法建立外，还可用热膨胀法、金相分析法、磁性法、电阻法、X 射线晶体结构分析法等方法建立。

三、基本类型的二元合金相图

由于二元合金的种类很多，二元合金相图的类型也较多，下面介绍几种基本相图。

1. 二元匀晶转变与匀晶相图

两组元不但在液态下无限互溶，而且在固态下也无限互溶。结晶时，都是从液相中结晶出单相固溶体。将从液相结晶出单相固溶体的结晶过程称为匀晶转变。前文所述 Cu－Ni 相图就是匀晶相图。具有这类相图的二元合金系还有 Ag－Au、Fe－Ni、Cr－Mo、Cu－Au 等，如图 5－5 所示。

(1) 匀晶转变的特点。固溶体结晶是在一个温度范围内完成的。固溶体合金的结晶只有在充分缓慢冷却的条件下才能得到成分均匀的固溶体组织。在实际生产中，由于冷速较快，合金在结晶过程中固相和液相中的原子来不及扩散，使先结晶出的枝晶轴含有较多的高熔点元素（如 Cu－Ni 合金中的 Ni），而后结晶的枝晶间含有较多的低熔点元素（如 Cu－Ni 合金中的 Cu）。这种在一个枝晶范围内或一个晶粒范围内成分不均匀的现象称为枝晶偏析。图 5－6 所示为铸造 Cu－Ni 合金枝晶偏析组织，图中所示白亮色部分为先结晶出的耐腐蚀且富镍的枝晶，黑色部分为最后结晶的易腐蚀并富铜的枝晶。

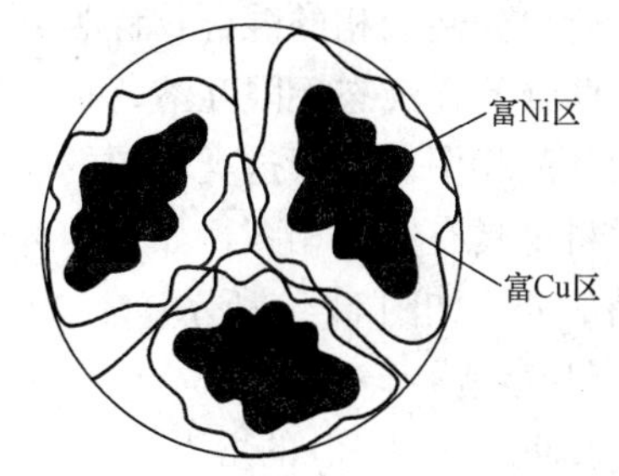

图 5－6　Cu－Ni 合金枝晶偏析组织示意

产生枝晶偏析使材料的力学性能变坏，耐腐蚀性下降。工业上采用扩散退火可以消除。

(2) 杠杆定律。在两相区内，温度一定时，两相的相对含量符合杠杆定律，如图 5－7 所示。T_1 温度下，Ni 含量为 $b\%$ 的合金中的两相（L、α）的重量比可表示为

$$\frac{Q_L}{Q_\alpha}=\frac{bc}{ab}$$

(3) 杠杆定律证明。设合金的总重量为 $Q_{合金}$，其 Ni 含量为 $b\%$；L 相的重量为 Q_L，其 Ni 含量为 $a\%$；α 相的重量为 Q_α，其 Ni 含量为 $c\%$。则

$$Q_{合金}=Q_L+Q_\alpha$$

合金中的 Ni 含量＝L 相中的 Ni 含量＋α 相中 Ni 的含量，即

$$Q_{合金}b\%=Q_La\%+Q_\alpha c\%$$

$$(Q_L+Q_\alpha)b\%=Q_La\%+Q_\alpha c\%$$

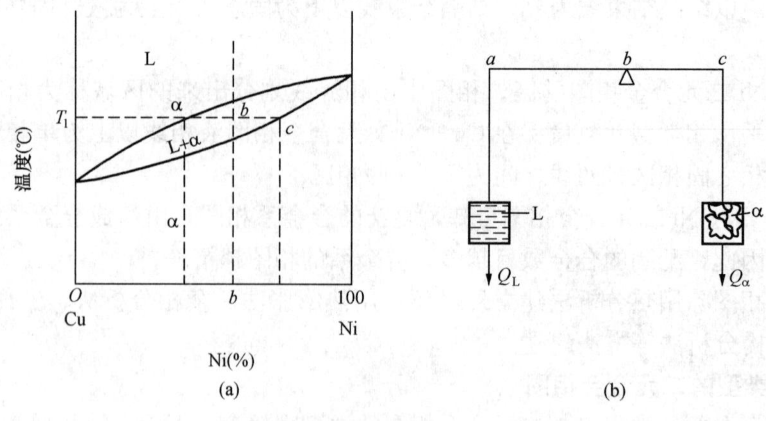

图 5-7 杠杆定律的图示说明

整理 $$Q_L(b-a)=Q_α(c-b)$$

得到 $$Q_L ab=Q_α bc$$

$$\frac{Q_L}{Q_α}=\frac{bc}{ab}$$

2. 二元共晶相图

共晶转变是指在一定条件下（如温度、成分），由均匀液体中同时结晶出两种不同的固相。所得到两固相的混合物称为共晶组织（体）。

两组元在液态无限互溶，在固态有限互溶，冷却时发生共晶转变，具有共晶转变的相图称为共晶相图。属于这类相图的有 Pb－Sn、Cu－Ag、Al－Ag、Al－Si、Pb－Bi 等，一些陶瓷材料也具有共晶相图，如 Al_2O_3－ZrO_2，在 Fe－C，Al－Mg、Mg－Si 等相图中也包含有共晶部分，如图 5-8 所示。

(1) 点。

A 点——纯 Pb 的熔点（328℃）；

B 点——纯 Sn 的熔点（232℃）；

E 点——共晶点。

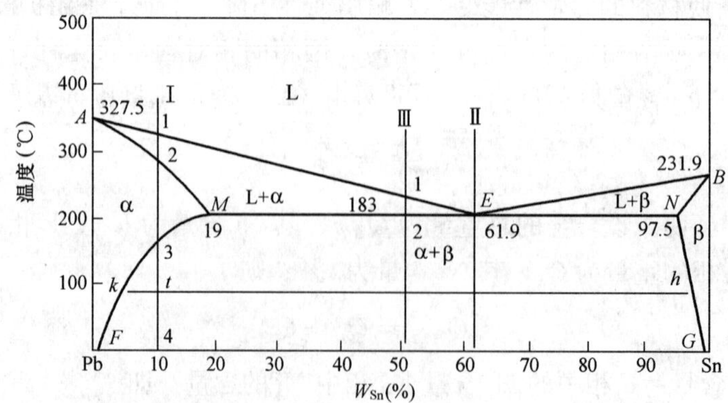

图 5-8 Pb－Sn 共晶相图

(2) 线。

液相线——AEB 线；

固相线——$AMENB$ 线；

二元共晶线——MEN 线，即 E 点成分的液相在共晶温度（T_d）同时结晶出（$\alpha_C+\beta_E$）二元共晶组织。

二元共晶反应：$L \xleftrightarrow{\text{恒温}} \alpha_C+\beta_E$

(3) 相及相区。

1) 相：

L——Pb 与 Sn 形成的液溶体；

α——Pb（Sn）；

β——Sn（Pb）。

α、β 均为有限置换固溶体。

2) 相区：

三个单相区——L、α、β；

三个双相区——L+α、L+β、α+β；

一个三相共存线（区）——L+α+β。

3. 包晶转变与包晶相图

两组元在液态下无限固溶，固态下有限互溶（或不互溶）并发生包晶反应的二元系相图称为包晶相图，属于这类相图的有 Pb－Ag。如图 5－9 所示包晶反应是在结晶过程先析出相进行到一定温度后新产生的固相大多包围在已有的旧固相周围生成。

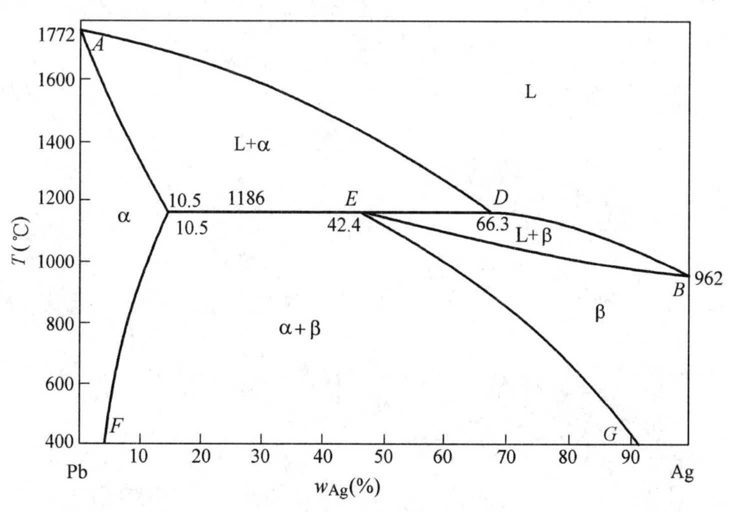

图 5－9　Pb－Ag 包晶相图

习　　题

5－1　举例说明什么是合金。

5－2　什么是组元、相、组织？

5-3 合金的相结构有哪几种类型？它们的晶格特点是什么？

5-4 什么是金属化合物？

5-5 什么是固溶强化？固溶强化的特点？

5-6 什么是合金相图？

5-7 判断下列情况哪种属于相变过程：液态金属结晶、晶粒长大、同素异构转变、再结晶。

5-8 二元相图有哪些最基本的类型？何谓匀晶转变、共晶转变、包晶转变？

第六章 铁碳合金

形成碳钢和铸铁的主要元素是铁和碳，故又称为铁碳合金。由于是由铁和碳两个组元组成的合金，所以铸铁和碳钢是二元合金。

铁碳合金是现代工业中应用最为广泛的合金材料，不同成分铁碳合金的力学性能及工艺性能也大不相同。要正确使用铁碳合金材料，就必须了解铁碳合金成分、组织及性能之间的关系。为了研究铁碳合金的组织、性能，以及它们与成分、温度的关系，就必须学习铁碳合金相图。

第一节 铁碳合金基本相

铁碳合金是由铁和碳两种组元组成的，由于两组元的相互作用，使铁碳合金在固态下的相结构也包括固溶体和金属化合物两大类。属于固溶体的相有铁素体和奥氏体，属于金属化合物的相有渗碳体，它们都是铁碳合金的基本组成相。

一、铁碳合金中的固溶体

在铁碳合金中固溶体有铁素体和奥氏体。

1. 铁素体

碳溶于α-Fe中形成的间隙固溶体，用F表示，它保持α-Fe的体心立方晶格结构。由于体心立方晶格α-Fe的间隙很小，所以α-Fe的溶碳能力很低。在727℃时溶碳能力最大，可达到0.0218%；在600℃时，约为0.006%；室温下几乎为零。因此，铁素体的性质几乎与纯铁相同，即强度、硬度低，塑性、韧性好，$\sigma_b=180\sim280$MPa，硬度为50～80HBS，$\delta=30\%\sim50\%$。铁素体的显微组织与纯铁相同，在显微镜下观察呈明亮的多边形晶粒组织，如图6-1所示。

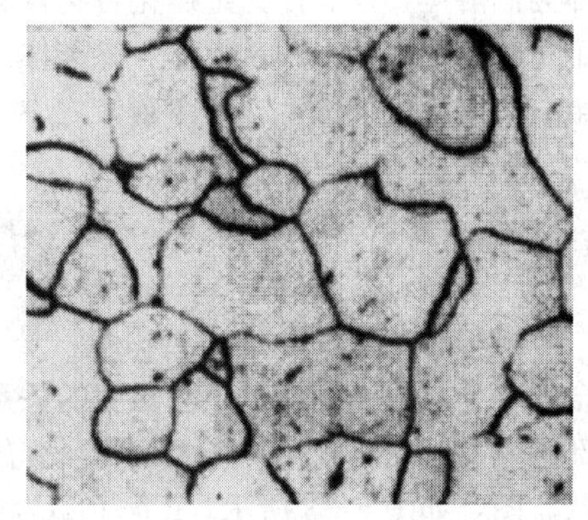

图6-1 铁素体的显微组织

2. 奥氏体

碳溶于γ-Fe中形成的间隙固溶体，用A表示，它保持γ-Fe的面心立方晶格结构。由于面心立方晶格的间隙比体心立方晶格的间隙大，所以γ-Fe的溶碳能力比α-Fe的溶碳能力大。在1148℃时溶碳量最大，为2.11%；随温度下降溶碳量逐渐降低，在727℃时溶碳量为0.77%。

奥氏体的力学性能与其溶碳量和晶粒大小有关。一般奥氏体的硬度为170～220HBS，延伸率为40%～50%，因此，奥氏体的硬度较低，而塑性较好。奥氏体存在于727℃以上的高温范围内，高温下奥氏体的显微组织也是由多边形晶粒构成的，但在一般情况下，晶粒粗大，晶界较平直，如图6-2所示。

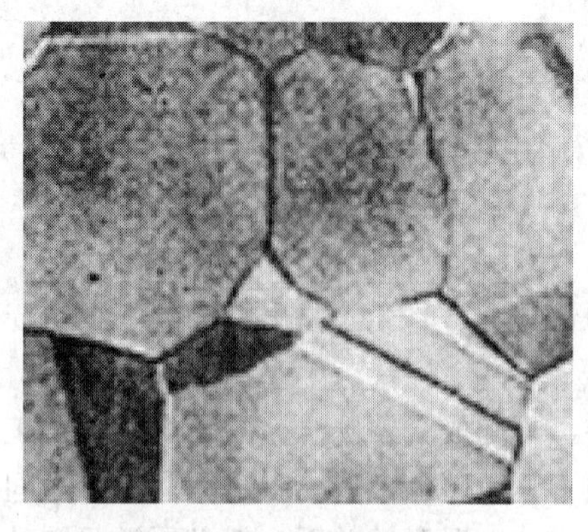

图 6-2 奥氏体的显微组织

二、铁碳合金中的金属化合物

铁碳合金中的金属化合物是由铁和碳组成的一种新物质，是一种具有复杂斜方晶格结构的金属化合物，称为渗碳体，分子式为 Fe_3C。渗碳体的含碳量为 6.69%，渗碳体的熔点约为 1227℃，其硬度很高（800HBW），塑性、韧性几乎为零，脆性极大。

渗碳体的显微组织形态很多，根据生成条件的不同，渗碳体有条状、网状、片状、粒状等形态，它们的大小、数量、分布对铁碳合金性能有很大影响，渗碳体是铁碳合金中的主要强化相。

渗碳体无同素异构转变的特性，但有磁性转变，在 230℃以下具有弱的铁磁性。渗碳体属于亚稳定相，在一定条件下能分解为铁和石墨。

根据渗碳体的出处不同，将渗碳体分为一次渗碳体、二次渗碳体、三次渗碳体。三种渗碳体的力学性能、物理性能、化学性能均相同，属于同一相。

(1) 一次渗碳体（$Fe_3C_{Ⅰ}$）：由液态铁碳合金中直接结晶出来的渗碳体。

(2) 二次渗碳体（$Fe_3C_{Ⅱ}$）：由奥氏体中析出的渗碳体。

(3) 三次渗碳体（$Fe_3C_{Ⅲ}$）：由铁素体中析出的渗碳体。

综上所述，在铁碳合金中共有三个相：铁素体、奥氏体和渗碳体。其中，铁素体、奥氏体为固溶体，渗碳体为金属化合物。奥氏体一般仅存在于高温下，所以室温下所有的铁碳合金中只有两个相，即铁素体和渗碳体。由于铁素体中的含碳量非常少，所以可以认为铁碳合金中的碳绝大部分存在于渗碳体之中。

第二节 铁碳合金相图

铁碳合金（$Fe-Fe_3C$）相图，是表示在平衡状态（极其缓慢冷却或加热）下，铁碳合金的化学成分、相、组织与温度的关系图。利用 $Fe-Fe_3C$ 相图可以研究碳素钢和铸铁的内部组织及其变化规律，在工程中研究的铁碳合金状态图实际上都是铁与渗碳体两组元构成的状态图，如图 6-3 所示。$Fe-Fe_3C$ 相图看起来比较复杂，但仍然是由基本相图（各种不同成分比例的铁碳合金相图）组成的，相图中 X 坐标表示铁碳合金的含碳量，Y 坐标表示温度。在 $Fe-Fe_3C$ 相图中，铁碳合金中碳含量为 0～6.69%。

一、相图中各点、线的分析

1. $Fe-Fe_3C$ 相图中各点分析

$Fe-Fe_3C$ 相图中各点分析见表 6-1。

(1) C 点。共晶点，温度 1148℃，成分 4.3%C。共晶是指合金在一定条件（温度、成分）下，由液体合金中同时结晶出两种不同的晶体，而形成一种特殊的共晶体组织的转变，即

$$L_{4.3\%C} \xrightarrow{1148℃} Ld_{4.3\%C}(A_{2.11\%C}+Fe_3C_{6.69\%C})$$

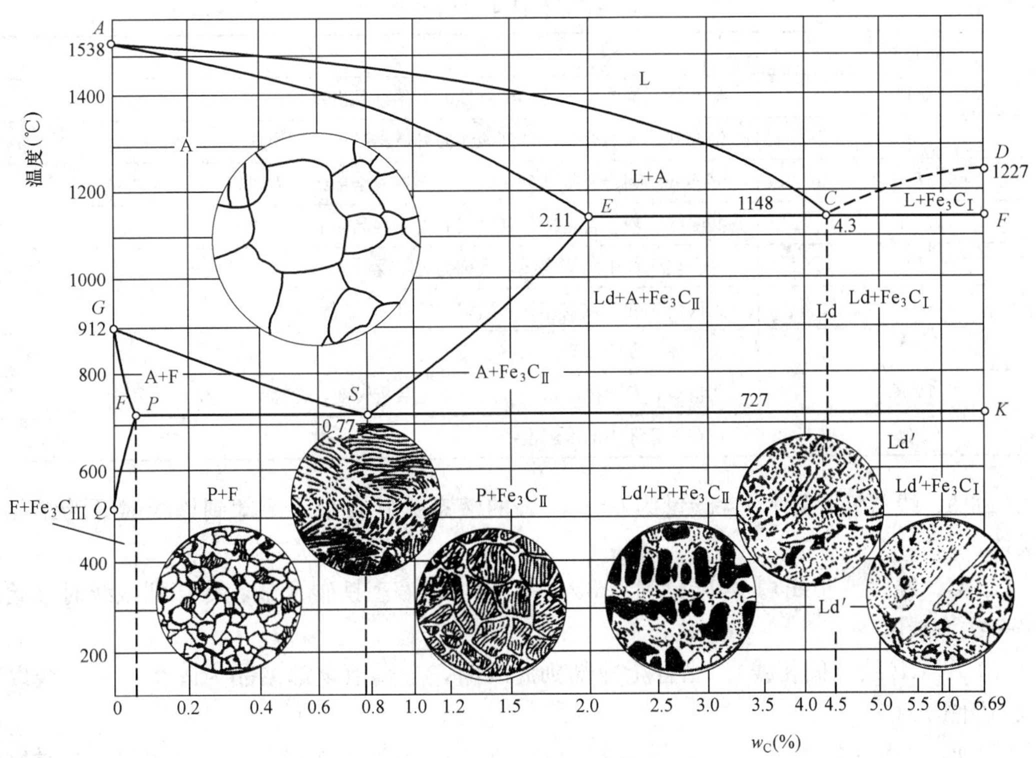

图 6-3 Fe-Fe₃C 相图

表 6-1 **Fe-Fe₃C 相图各特性点**

特性点符号	温度(℃)	$w_C \times 100\%$	含 义
A	1538	0	纯铁的熔点
C	1148	4.3	共晶点
D	1227	6.65	渗碳体熔点
E	1148	2.11	碳在 γ-Fe 中的最大溶解度
G	912	0	纯铁的同素异构转变点
P	727	0.0218	碳在 α-Fe 中的最大溶解度
S	727	0.77	共析点
Q	600	0.008	碳在 χ-Fe 中的溶解度

(2) *S* 点。共析点，温度 727℃，成分 0.77%C。共析转变是指合金在一定条件下，由一种固相转变成两个固相的机械混合物的过程，即

$$A_{0.77\%C} \xrightarrow{727℃} P_{0.77\%C}(F_{0.02\%C} + Fe_3C_{6.69\%C})$$

2. Fe-Fe₃C 相图中各线的分析

Fe-Fe₃C 相图中各特性线见表 6-2。相图中应该掌握的线有 *ECF* 线、*PSK* 线（A_1 线)、*GS* 线（A_3 线)、*ES* 线（A_{cm}线)。

表 6-2 Fe-Fe_3C 相图中各特性线

特性线	含　义
AC	液相线，液态合金冷却到该线时开始结晶出奥氏体
CD	液相线，液态合金冷却到该线时开始结晶出一次渗碳体
AECF	固相线，当合金冷却到此线时，金属液全部结晶为固相
ECF	共晶线，液态合金冷却到该线时发生共晶转变
ES	碳在奥氏体中溶解度线，常称为 A_{cm} 线
GS	奥氏体转变为铁素体的开始线，常称为 A_3 线
GP	奥氏体转变为铁素体的终了线
PSK	共析线，奥氏体冷却到该线时发生共析转变，常称为 A_1 线
PQ	碳在铁素体中的溶解度线

(1) *AC* 线（液相线）。含碳量为 0～4.3%的液态铁碳合金，冷却到该线时开始结晶出奥氏体。

(2) *CD* 线（液相线）。含碳量为 4.3%～6.69%的液态铁碳合金，冷却到该线时开始结晶出一次渗碳体。

(3) *AECF* 线（固相线）。当合金冷却到此线时，金属液全部结晶为固相，在此线以下区域为固相。

(4) *ECF* 线（共晶线）。含碳量为 2.11%～6.69%的液态铁碳合金，冷却到该线时发生共晶转变，即从液态中同时结晶出奥氏体和渗碳体的共晶混合物莱氏体（Ld）。共晶线也是含碳量为 2.11%～6.69%的液态铁碳合金结晶结束的终了线。

(5) *ES* 线（A_{cm} 线）。*ES* 线是碳在奥氏体中的溶解度曲线，*E* 点表示在 1148℃时碳在奥氏体中的最大溶解度为 2.11%。随着温度降低，溶解度下降，即含碳量大于 0.77%的奥氏体冷却过程中都将从奥氏体中析出渗碳体（二次渗碳体），常称为 A_{cm} 线。

(6) *GS* 线（A_3 线）。奥氏体转变为铁素体的开始线，含碳量为 0～0.77%铁碳合金由奥氏体转变为铁素体的开始线。

(7) *GP* 线。含碳量为 0～0.0218%的铁碳合金，奥氏体转变为铁素体的终了线。

(8) *PSK* 线（共析线）。含碳量为 0.0218%～6.69%的铁碳合金中的奥氏体冷却到该线时发生共析转变，即从奥氏体中同时结晶出铁素体和渗碳体的共析混合物珠光体，常称为 A_1 线。

(9) *PQ* 线。碳在铁素体中的溶解度线。

二、相图中各相区

Fe-Fe_3C 相图中各相区的相组分见表 6-3。通过对铁碳合金相图的分析，结合所学相图的基本知识，能够很容易地看出 Fe-Fe_3C 相图中各区域的组织组分。

表 6-3 Fe-Fe_3C 相图各相区的相组分

相区范围	相组分	相区范围	相组分
ACD 以上	L	*AECA*	L+A
AESGA	A	*DCFD*	L+Fe_3C
GPQG	F	*GSPG*	A+F

续表

相区范围	相组分	相区范围	相组分
ESKFE	A+Fe_3C	*ECF* 线	L+A+Fe_3C
PSK 线以下	F+Fe_3C	*PSK* 线	A+F+Fe_3C

三、铁碳合金的分类

在 Fe-Fe_3C 相图中，为了研究方便，按照碳的质量分数（铁碳合金中的含碳量）将铁碳合金分为工业纯铁、钢和白口铸铁三类，见表 6-4。

表 6-4　按照碳的质量分数（铁碳合金中的含碳量）将铁碳合金分类

合金类别	工业纯铁	钢			白口铸铁		
		亚共析钢	共析钢	过共析钢	亚共晶白口铸铁	共晶白口铸铁	过共晶白口铸铁
碳的质量分数（%）	≤0.0218	0.0218～0.77	0.77	0.77～2.11	2.11～4.3	4.3	4.3～6.69
室温组织	F	F+P	P	P+$Fe_3C_{Ⅱ}$	P+$Fe_3C_{Ⅱ}$+Ld′	Ld′	Ld′+Fe_3C

四、铁碳合金的组织随温度变化的规律

1. 工业纯铁的结晶过程

工业纯铁是指含碳量为 0～0.0218%的铁碳合金，室温下显微组织为铁素体。工业纯铁在平衡状态下冷却到室温其组织的变化：经液相线 *AC* 开始结晶其组织为 L+A；经固相线 *AE* 结晶结束，组织为 A；经 *GS* 线 A 开始析出 F，其组织为 A+F；经 *GP* 线其组织为 F；经 *PQ* 线时析出 $Fe_3C_{Ⅲ}$。工业纯铁的室温平衡组织为 F+$Fe_3C_{Ⅲ}$，即

$$L \longrightarrow L+A \longrightarrow A \longrightarrow A+F \longrightarrow F \longrightarrow F+Fe_3C_{Ⅲ}$$

2. 钢的结晶过程

钢是指含碳量为 0.0218%～2.11%的铁碳合金。室温下钢的平衡组织随钢中含碳量的不同有三种平衡组织。按照 Fe-Fe_3C 相图中室温下钢的平衡组织，将钢分为三部分，即亚共析钢、共析钢、过共析钢。图 6-4 所示为 Fe-Fe_3C 相图中几种典型合金。

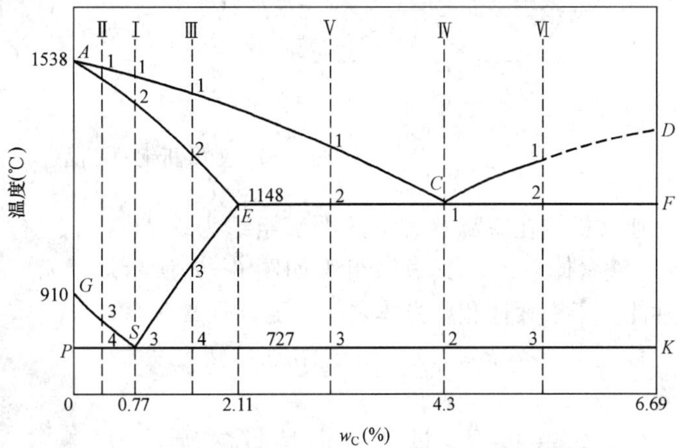

图 6-4　铁碳合金相图上几种典型合金的位置

(1) 共析钢。共析钢是指含碳量为 0.77%的铁碳合金，如图 6-4 所示Ⅰ号合金。共析钢的结晶过程见图 6-5：

$$L \xrightarrow{t_1} L+A \xrightarrow{t_2} A \xrightarrow{t_3=727℃} P(F+Fe_3C)$$

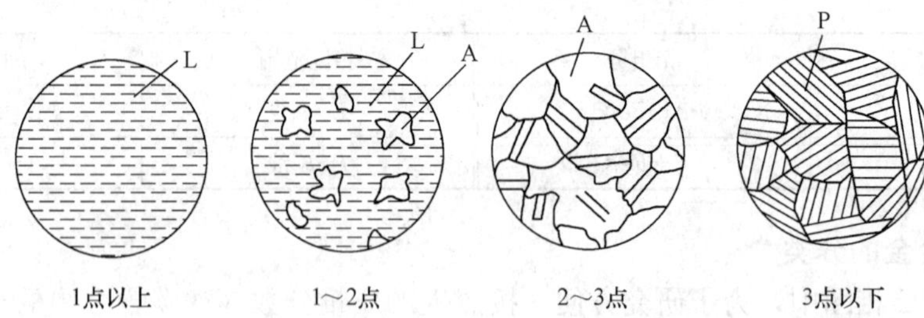

图 6-5　共析钢的结晶过程示意

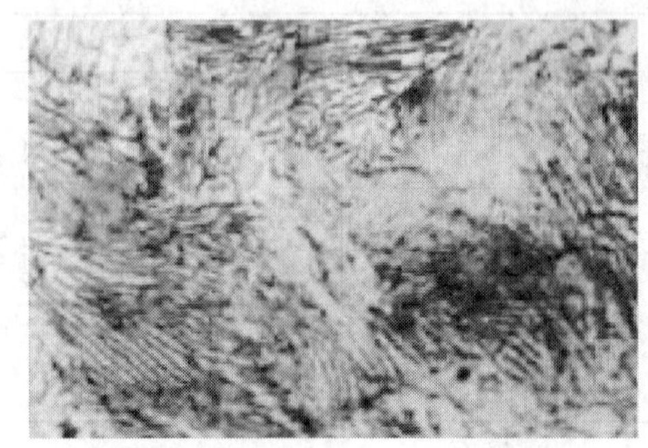

图 6-6　共析钢室温下的显微组织

共析钢在室温状态下的平衡组织为珠光体。珠光体（P）是铁素体和渗碳体的机械混合物，为层片状组织，具有较高的强度，$\sigma_s=800$MPa，硬度 HBS＝230，塑性较低，$\delta=12\%$。其显微组织如图 6-6 所示。珠光体强度较高，塑性、韧性和硬度介于渗碳体和铁素体之间。

(2) 亚共析钢。亚共析钢是指含碳量为 0.0218%～0.77%的铁碳合金，如图 6-4 所示Ⅱ号合金。亚共析钢的结晶过程见图 6-7：

$$L \xrightarrow{t_1} L+A \xrightarrow{t_2} A \xrightarrow{t_3} A+F \xrightarrow{t_4=727℃} F+P(F+Fe_3C)$$

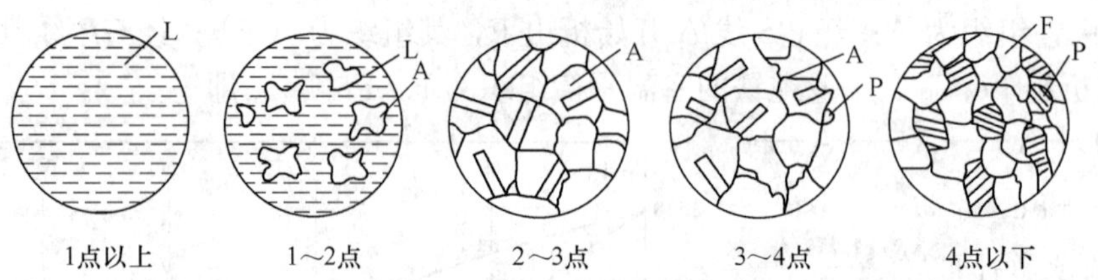

图 6-7　亚共析钢的结晶过程示意

亚共析钢在室温状态下的平衡组织为珠光体(P)＋铁素体（F），其显微组织如图 6-8 所示。其性能介于铁素体和珠光体之间；随含碳量升高，珠光体量增多，故强度、硬度增加，塑性韧性下降。

(3) 过共析钢。过共析钢是指含碳量为 0.77%～2.11% 的铁碳合金，如图 6-4 所示Ⅲ号合金。亚共析钢的结晶过程见图 6-9：

$$L \xrightarrow{t_1} L+A \xrightarrow{t_2} A \xrightarrow{t_3} A+Fe_3C_{Ⅱ}$$

$$\xrightarrow{t_4=727℃} Fe_3C_{Ⅱ}+P(F+Fe_3C)$$

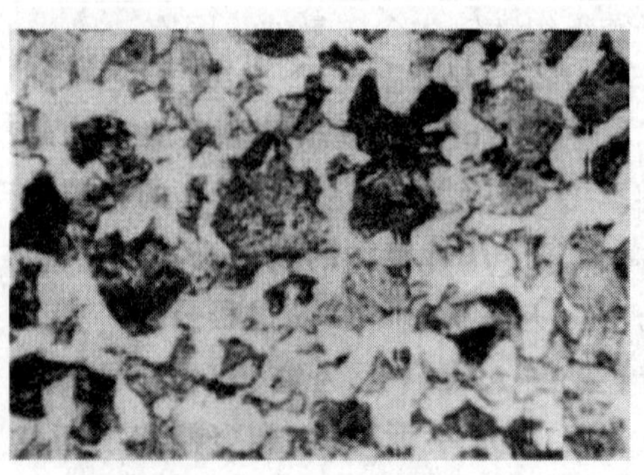

图 6-8　亚共析钢室温下的显微组织

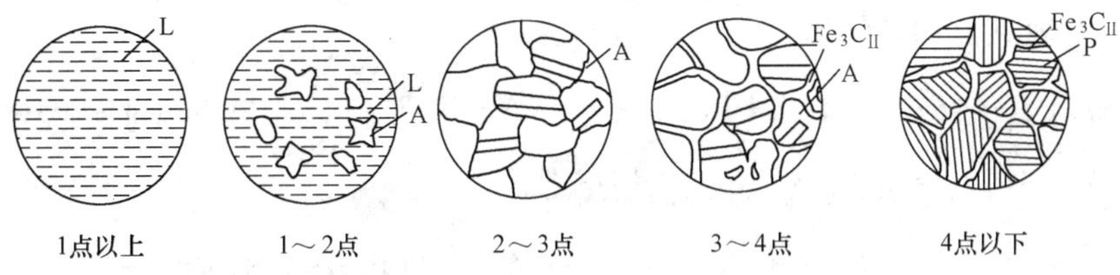

图 6-9 过共析钢的结晶过程示意

过共析钢在室温状态下的平衡组织为珠光体（P）+二次渗碳体（Fe_3C_{II}），其显微组织如图 6-10 所示。随含碳量升高，渗碳体量增多，故硬度增加，韧性下降。

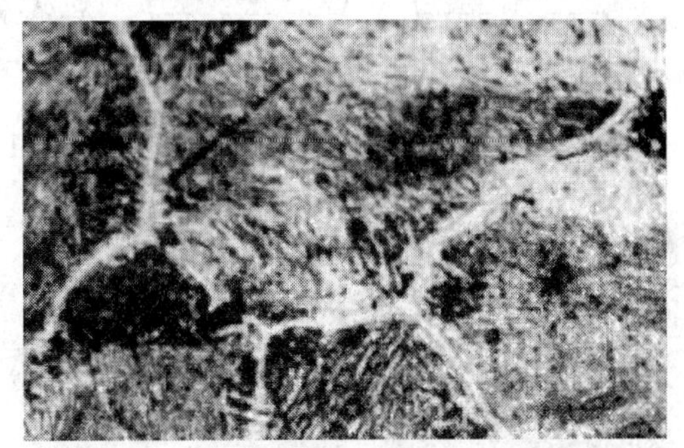

图 6-10 过共析钢室温下的显微组织

3. 白口铸铁

白口铸铁是指含碳量为 2.11%～6.69%的铁碳合金。室温下白口铸铁的平衡组织随白口铸铁中含碳量的不同有三种平衡组织。为了方便研究，按照 Fe-Fe_3C 相图中室温下白口铸铁的平衡组织，将白口铸铁分为三部分，即亚共晶白口铸铁、共晶白口铸铁、过共晶白口铸铁。图 6-4 所示为 Fe-Fe_3C 相图中白口铸铁的部分相图。下面分析其结晶过程。

（1）共晶白口铸铁。共晶白口铸铁是指含碳量为 4.3%的铁碳合金，如图 6-4 所示Ⅳ号合金。共晶白口铸铁的结晶过程见图 6-11：

$$L \xrightarrow{t_1} Ld(A+Fe_3C) \xrightarrow{t_1 \sim t_2} Ld(A+Fe_3C_{II}+Fe_3C) \xrightarrow{t_2=727℃} Ld'(P+Fe_3C_{II}+Fe_3C)$$

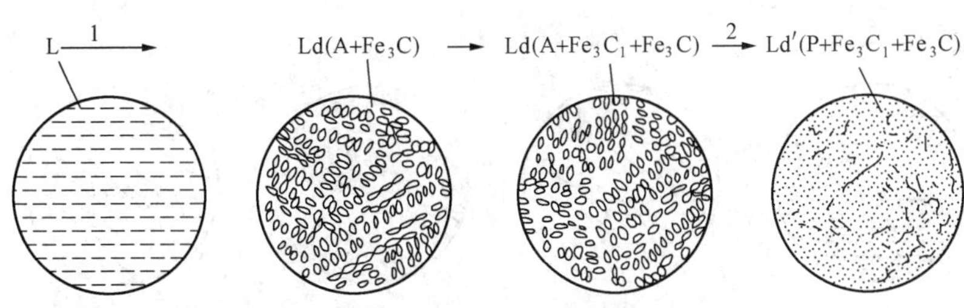

图 6-11 共晶白口铁结晶过程示意

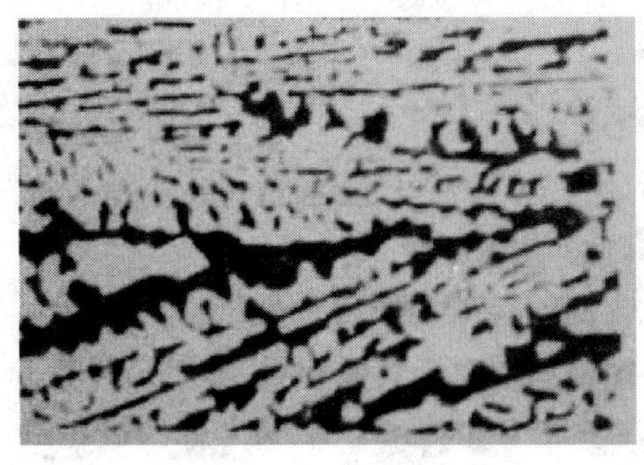

图 6-12 共晶白口铸铁室温下的显微组织

莱氏体分为高温莱氏体和低温莱氏体（变态莱氏体），莱氏体在 727℃以上，由奥氏体与渗碳体组成的机械混合物，称为高温莱氏体 Ld；在 727℃以下，该组织转变为由珠光体与渗碳体组成的机械混合物，称为低温莱氏体 Ld′。共晶白口铸铁在室温下的组织为低温莱氏体 Ld′，其显微组织如图 6-12 所示。其力学性能与渗碳体相似，硬度较高，脆性较大。

（2）亚共晶白口铸铁。亚共晶白口铸铁是指含碳量为 2.11%～4.3%的铁碳合金，如图 6-4

所示Ⅴ号合金。亚共晶白口铸铁的结晶过程见图 6－13：

$$L \xrightarrow{t_1} L+A \xrightarrow{t_2} A+Ld(A+Fe_3C) \xrightarrow{t_2\sim t_3} A+Fe_3C_{Ⅱ}+Ld(A+Fe_3C_{Ⅱ}+Fe_3C)$$

$$\xrightarrow{t_3} P+Fe_3C_{Ⅱ}+Ld'(P+Fe_3C_{Ⅱ}+Fe_3C)$$

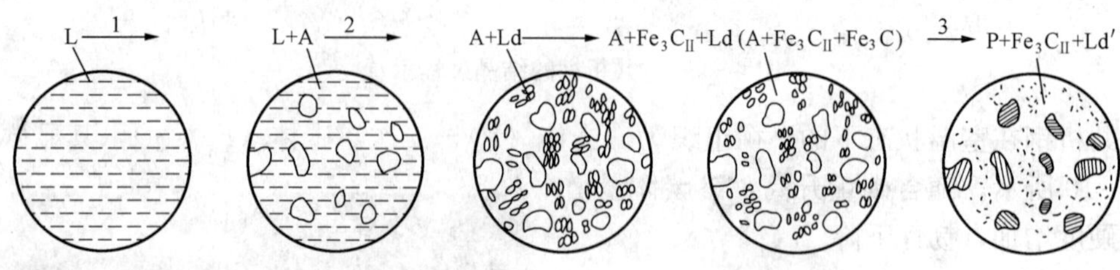

图 6－13 亚共晶白口铸铁结晶过程示意

图 6－14 亚共晶白口铸铁室温下的显微组织

亚共晶白口铸铁在室温下的组织为珠光体＋二次渗碳体＋低温莱氏体，其显微组织如图 6－14 所示。

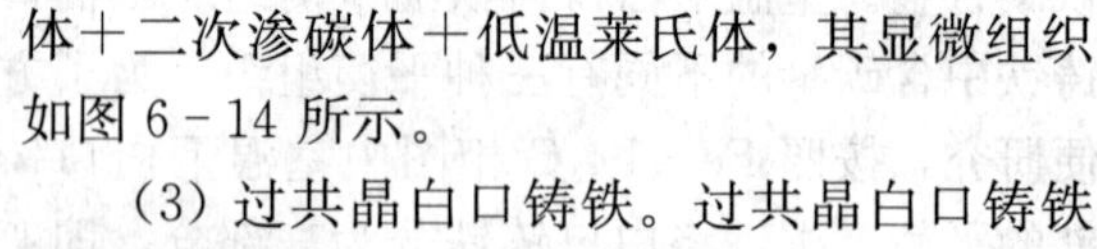

(3) 过共晶白口铸铁。过共晶白口铸铁是指含碳量为 4.3%～6.69%铁碳合金，如图 6－4 所示Ⅵ号合金。过共晶白口铸铁的结晶过程见图 6－15：

$$L \xrightarrow{t_1} L+Fe_3C_{Ⅰ} \xrightarrow{t_2} Ld(A+Fe_3C)+Fe_3C_{Ⅰ}$$

$$\xrightarrow{t_2\sim t_3} Ld(A+Fe_3C_{Ⅱ}+Fe_3C)+Fe_3C_{Ⅰ}$$

$$\xrightarrow{t_3} Ld'(P+Fe_3C_{Ⅱ}+Fe_3C)+Fe_3C_{Ⅰ}$$

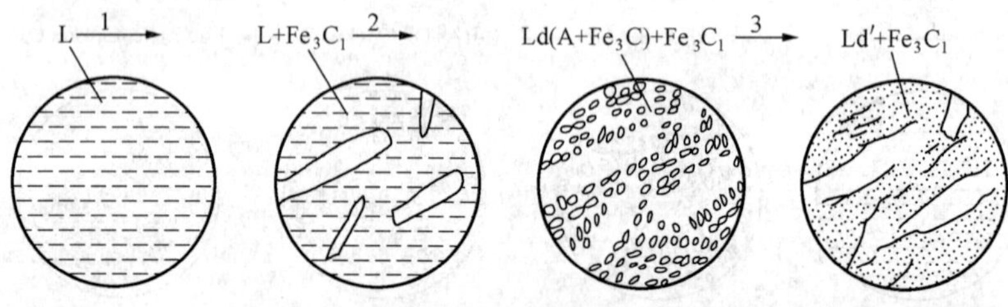

图 6－15 过共晶白口铸铁结晶过程示意

过共晶白口铸铁室温组织为渗碳体＋莱氏体，其显微组织如图 6－16 所示。

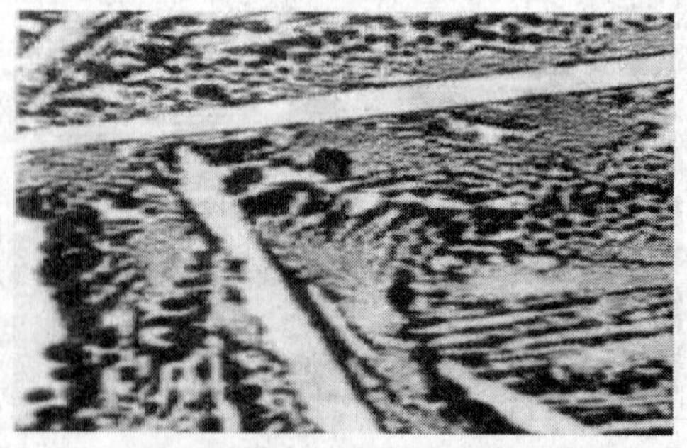

图 6－16 过共晶白口铸铁室温下的显微组织

五、铁碳合金相图的应用

(1) 铸造中的应用。根据相图可以知道各种成分的钢和铸铁的结晶温度，合金的浇铸温度，以及合金的凝固温度范围，并判断流动性及缩孔、缩松的倾向。共晶成分的合金结晶温度较低，偏析较小，流动性好，因而铸造合金的成分常选用接近共晶成分。

(2) 锻造中的应用。有奥氏体组织时，钢的塑性好，变形抗力低，便于塑性变形，故常选择单相奥氏体区域的适当温度范围。

(3) 热处理中的应用。相图反映了不同成分的合金在缓慢加热或冷却时，所发生的组织转变温度，是制订热处理工艺的依据。

第三节　铁碳合金平衡组织观察实验

一、实验目的

(1) 解释铁碳合金在平衡状态下的显微组织。

(2) 分析成分对铁碳合金显微组织的影响，从而理解成分、组织与性能之间的相互关系。

二、实验内容

铁碳合金的显微组织是研究和分析钢铁材料性能的基础。所谓平衡状态的显微组织是指合金在极为缓慢的冷却条件下（如退火状态即接近平衡状态）所得到的组织。可以根据 $Fe-Fe_3C$ 相图来分析铁碳合金在平衡状态下的显微组织。

铁碳合金的平衡组织主要是指碳钢和白口铸铁的室温组织。从铁碳合金相图可见，碳钢和白口铸铁的室温组织均由铁素体和渗碳体这两个基本相所组成。但是由于含碳量不同，铁素体和渗碳体的相对数量、析出条件及分布情况均有所不同，因而呈现出各种不同的组织形态。通过下面的实验可以更好地掌握铁碳合金在平衡状态下的显微组织。

1. 铁碳合金室温下基本组织组成物的显微组织及特征

各种不同成分的铁碳合金在室温下的显微组织见表 6－5。表 6－5 所示为利用浸蚀剂处理后的碳钢和白口铸铁，在显微镜下显示出的各种不同成分的铁碳合金显微组织。

表 6－5　　不同成分的铁碳合金在室温下的组织

类型		含碳量（%）	显微组织	侵蚀剂
工业纯铁		≤0.0218	铁素体	4%硝酸酒精溶液
碳钢	亚共析钢	0.02～0.77	铁素体＋珠光体	4%硝酸酒精溶液
	共析钢	0.77	珠光体	4%硝酸酒精溶液
	过共析钢	0.77～2.11	珠光体＋二次渗碳体	苦味酸钠溶液，渗碳体变黑或呈棕红色
白口铸铁	亚共晶白口铸铁	2.11～4.3	珠光体＋二次渗碳体＋莱氏体	4%硝酸酒精溶液
	共晶白口铸铁	4.3	莱氏体	4%硝酸酒精溶液
	过共晶白口铸铁	4.3～6.69	莱氏体＋二次渗碳体	4%硝酸酒精溶液

(1) 铁素体（F）。铁素体是碳在 $\alpha-Fe$ 中的固溶体。铁素体为体心立方晶格，具有磁性和有良好的塑性，硬度较低，用 3%～4%硝酸酒精溶液浸蚀后，在显微镜下呈现明亮的等轴晶粒；亚共析钢中铁素体呈块状分布。当含碳量接近于共析成分时，铁素体则呈断续的网状分布于珠光体周围。

(2) 渗碳体（Fe_3C）。渗碳体是铁和碳形成的一种化合物，其含碳量为 6.69%，质硬而脆，耐腐蚀性强，经3%～4%硝酸酒精溶液浸蚀后，渗碳体呈亮白色；若用苦味酸钠溶液浸蚀，则渗碳体能被染成黑色或棕红色，而铁素体仍为白色，由此可区别铁素体与渗碳体。按照形成条件的不同，渗碳体可以呈现不同的形态：一次渗碳体是直接由液体中结晶出来的，故在白口铸铁中呈粗大的条片状；二次渗碳体是从奥氏体中析出的，往往呈网格状沿奥氏体晶界分布；三次渗碳体是从铁素体中析出的，通常呈不连续片状存在于铁素体的晶界处，数量极微可忽略不计。

(3) 珠光体 (P)。珠光体是铁素体和渗碳体的机械混合物。在一般退火处理情况下，是由铁素体与渗碳体相互混合交替排列形成的层片状组织。经硝酸酒精溶液侵蚀后，在不同放大倍数的显微镜下可以看到具有不同特性的珠光体组织。

(4) 莱氏体 (Ld′)。莱氏体是在室温时由珠光体及二次渗碳体和一次渗碳体所组成的机械混合物。含碳量为4.3%的共晶白口铸铁在1147℃时形成由奥氏体和渗碳体组成的共晶体。其中，奥氏体冷却时析出二次渗碳体，并在727℃以下分解为珠光体。莱氏体的显微组织特征是在亮白色的一次渗碳体基底上相间地分布着暗黑色斑点及细条状的珠光体。

2. 碳合金平衡组织的显微分析

$Fe-Fe_3C$ 相图的各种合金，按其含碳量与平衡组织的不同，可分为工业纯铁、碳钢和白口铸铁三类。

(1) 工业纯铁 ($0<w_C<0.0218\%$)。纯铁在室温下具有单相铁素体组织。含碳量小于0.0218%的铁碳合金通常称为工业纯铁。它是两相组织，即由铁素体和少量的渗碳体组成。

(2) 碳钢 ($0.0218\%<w_C<2.11\%$)。含碳量为0.0218%～2.11%的铁碳合金称为碳钢。按其含碳量与平衡组织的不同，可分为亚共析钢、共析钢和过共析钢三种。

1) 亚共析钢 ($0.0218\%<w_C<0.77\%$)。亚共析钢的显微组织由铁素体和珠光体所组成。随着含碳量的增加，铁素体的数量则相应地逐渐减少，而珠光体的数量则相应增多。

2) 共析钢 ($w_C=0.77\%$)。共析钢的显微组织由单一的珠光体组成。

3) 过共析钢 ($0.77\%<w_C<2.11\%$)。过共析钢在室温下的显微组织由珠光体和二次渗碳体组成，钢种含碳量越多，二次渗碳体的数量越多，二次渗碳体呈网状分布于晶界上。

(3) 白口铸铁 ($2.11\%<w_C<6.69\%$)。

1) 亚晶白口铸铁 ($2.11\%<w_C<4.3\%$)。亚共晶白口铸铁在室温下的显微组织为珠光体、二次渗碳体、莱氏体。

2) 共晶白口铸铁 ($w_C=4.3\%$)。共晶白口铸铁在室温下的显微组织为莱氏体。

3) 过共晶白口铸铁 ($4.3\%<w_C<6.69\%$)。过共晶白口铸铁在室温下的显微组织为一次渗碳体、莱氏体。

三、实验设备及材料

(1) 金相显微镜。

(2) 金相图谱。

(3) 各类铁碳合金的金相显微试样。

四、实验步骤

(1) 在教师指导下熟悉各种实验设备及试样。

(2) 在教师指导下对试样进行取样、镶嵌、抛光、磨光、浸蚀。

(3) 在金相显微镜下认真观察各种试样的显微组织，并根据显微组织特征，绘出其显微组织示意图，做好记录。

(4) 写实验报告。

习　　题

6-1 何谓奥氏体、铁素体、渗碳体、珠光体、莱氏体？它们的性能如何？

6-2 试简述铁碳合金状态图中 C 点、S 点、ECF 线、PSK 线、ES 线和 GS 线的物理含义。

6-3 试分析含碳量为0.4%、0.77%、1.0%、3.0%、4.3%和5.0%的合金在极缓慢冷却时组织的转变过程，并指出其室温组织。

6-4 铁碳合金如何分类？

6-5 钢与白口铸铁的主要区别是什么？

6-6 分析比较一次渗碳体、二次渗碳体、三次渗碳体的异同之处。

6-7 现有四种合金，已知它们的碳质量分数分别为0.45%、0.8%、1.2%、4.5%。试根据所学知识，对它们进行分类。

6-8 铁碳相图有哪些方面的应用？

第七章 钢的热处理

热处理是将固态金属或合金，采用适当的方式进行加热、保温和冷却，以获得所需显微组织结构与性能的工艺方法。其实质是利用钢在加热、保温和冷却过程中显微组织能发生相变的特性，改变钢的显微组织结构，从而改变钢的力学性能和工艺性能。热处理是机械零件及工具制造过程中的必要工序，在机械制造业中占有十分重要的地位，它可以充分发挥钢材的潜力，提高工件的性能和使用寿命，减轻工件质量，节约材料，降低成本。

热处理种类很多，按热处理的目的、加热和冷却工艺特点的不同，热处理分为普通热处理和表面热处理。具体分类如下：

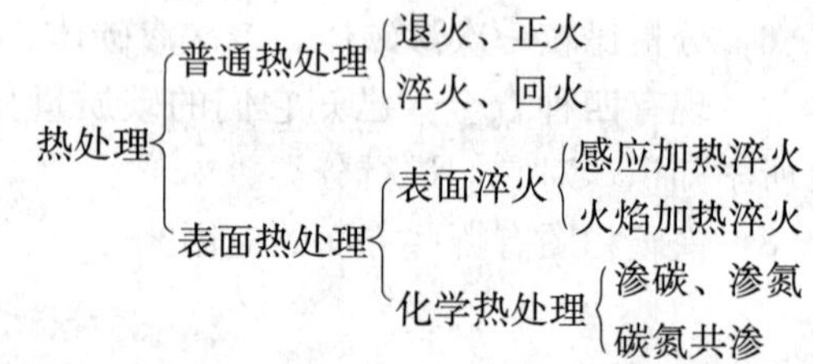

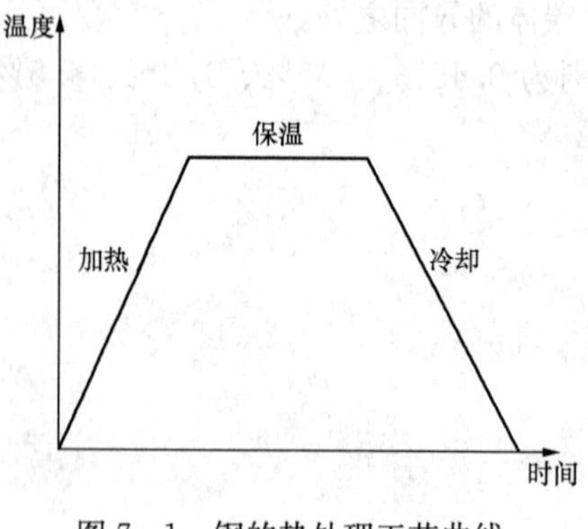

图 7-1 钢的热处理工艺曲线

热处理工艺种类很多，但任何一种热处理工艺都是由加热、保温和冷却三个阶段组成的，因此，要了解各种热处理方法对钢的性能的改变情况，必须先了解钢的组织在加热、保温和冷却过程中的变化规律。图 7-1 所示为钢的热处理工艺曲线。

第一节 钢在加热时的组织转变

一、加热和冷却时的转变温度点

在 $Fe-Fe_3C$ 相图中，*PSK*、*GS*、*ES* 线上的相变点分别用 A_1、A_3、A_{cm} 表示。A_1、A_3、A_{cm} 都是钢在平衡状态下的相变点。

实际上，钢在热处理时，加热或冷却速度并不是在极缓慢状态（平衡状态下）进行的。因此，实际的相变也不是在平衡相变点上进行的，加热时的组织转变在平衡相变点以上进行，冷却时的组织转变在平衡相变点以下进行。而且加热或冷却时的速度越快，其组织转变的温度点（实际相变点）与平衡相变点之间的差距越大，也就是通常所说的过冷或过热现象。一般，加热时的实际相变点用 A_{c1}、A_{c3}、A_{ccm} 表示；冷却时的实际相变点用 A_{r1}、A_{r3}、A_{rcm} 表示，如图 7-2 所示。

二、钢在加热时的组织转变

1. 奥氏体的形成

以共析钢为例，共析钢在室温时的组织为珠光体（$F+Fe_3C$），当加热到 A_{c1} 以上时，珠光体转变为奥氏体。其转变过程如下：

(1) 奥氏体晶核形成。首先在铁素体和渗碳体的晶界上出现奥氏体晶核，因为相界面的原子排列紊乱，晶体缺陷较多，易于形核，如图 7-3 (a) 所示。

(2) 奥氏体晶核长大。通过原子扩散，使渗碳体不断溶解和铁素体晶格由体心立方晶格改组为面心立方晶格，如图 7-3 (b) 所示。

(3) 残余渗碳体的溶解。在奥氏体形成过程中，铁素体比渗碳体先消失，因此，当铁素体完全转变为奥氏体之后，还残存未溶的渗碳体。这部分未溶的残余渗碳体将随着时间的延长，继续不断地溶入奥氏体，直至全部消失，如图 7-3 (c) 所示。

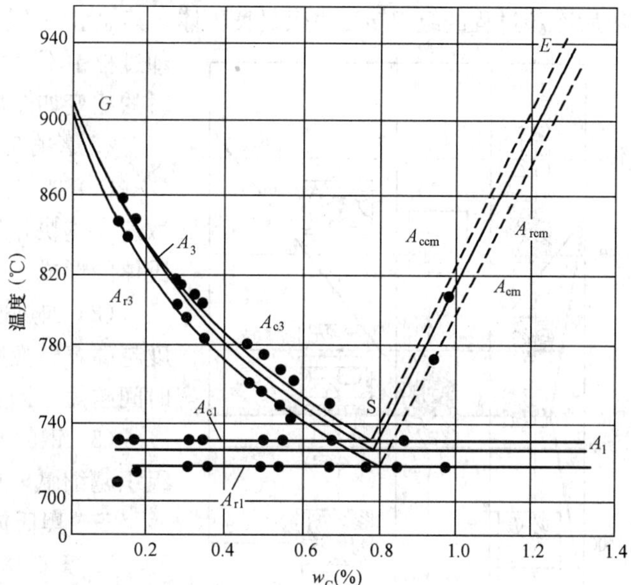

图 7-2　加热、冷却时钢的相变点

(4) 奥氏体均匀化。残余渗碳体溶解完后，碳的浓度并不均匀，在原来渗碳体处碳含量高，铁素体处碳含量低，保温一定时间，碳原子扩散，得到均匀的奥氏体组织，如图 7-3 (d) 所示。

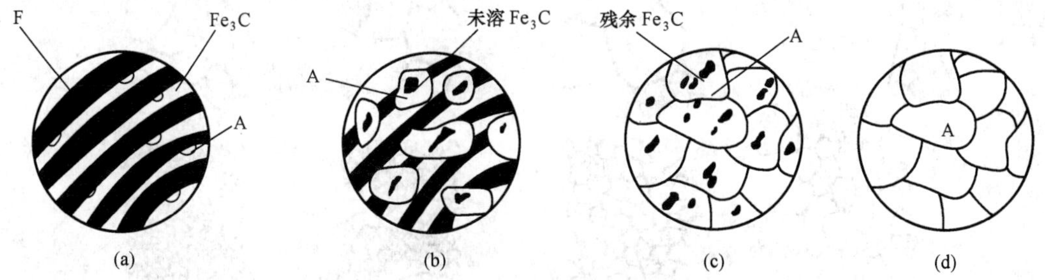

图 7-3　奥氏体晶核形成过程

(a) A 形核；(b) A 长大；(c) 残余 Fe_3C 溶解；(d) A 均匀化

亚共析钢与过共析钢的珠光体加热转变为奥氏体过程与共析钢转变过程相同，即在 A_{c1} 温度以上加热，无论亚共析钢还是过共析钢中的珠光体均要转变为奥氏体。不同的是还有亚共析钢的铁素体的转变与过共析钢的二次渗碳体的溶解。尤其是铁素体的完全转变要在 A_3 温度（Fe-Fe_3C 状态图的 *GS* 线）以上，考虑过热问题，实际要在 A_{c3} 以上；过共析钢中的二次渗碳体的完全溶解要在温度 A_{cm}（Fe-Fe_3C 状态图的 *ES* 线）以上，考虑过热问题，要在 A_{ccm} 以上。即亚共析钢加热后组织全为奥氏体需在 A_{c3} 以上，过共析钢要在 A_{ccm} 以上。如果亚共析钢仍仅在 A_{c1}～A_{c3} 温度加热，无论加热多长时间，加热后的组织仍为铁素体与奥氏体共存。过共析钢在 A_{c1}～A_{ccm} 温度之间加热，加热后的组织应为二次渗碳体与奥氏体共存。

加热后冷却过程的组织转变也仅是奥氏体向其他组织的转变，其中的铁素体及二次渗碳体在冷却过程中不会发生转变。亚共析钢与过共析钢加热时的相变如图 7-4 所示。

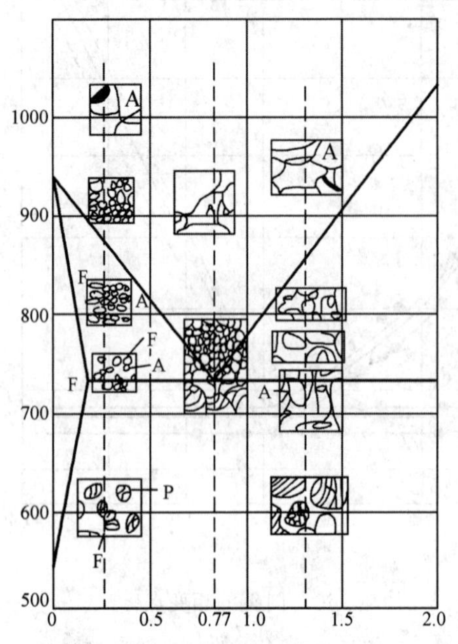

图 7-4 亚共析钢、过共析钢加热时的相变

2. 影响奥氏体转变的因素

(1) 加热温度。加热温度越高，铁、碳原子扩散速度越快，且铁的晶格改组也越快，进而加速奥氏体的形成。

(2) 加热速度。加热速度越快，转变开始的温度越高，转变终了的温度也越高，完成转变所需的时间越短，即奥氏体转变速度越快。

(3) 钢的原始组织。若钢的成分相同，其原始组织越细腻，相界面越多，奥氏体形成速度越快。

三、奥氏体晶粒大小及影响因素

1. 奥氏体晶粒度

奥氏体晶粒的大小用晶粒度指标衡量，根据标准晶粒度等级图确定钢的奥氏体晶粒大小。国家标准将晶粒度分为 8 级，1～4 级为粗晶粒度，5～8 级为细晶粒度，如图 7-5 所示。

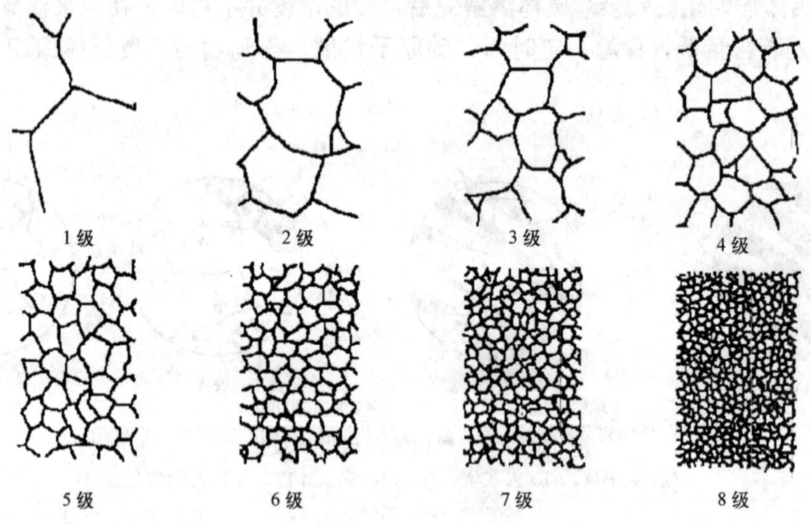

图 7-5 钢的标准晶粒度等级图（100×）

钢在加热到相变点以上时，刚刚形成的奥氏体晶粒都很细小，称为起始晶粒。如果继续升温或保温，将使奥氏体晶粒长大。不同的钢在相同的加热条件下，奥氏体晶粒的长大倾向不同，如图 7-6 所示。从奥氏体晶粒长大的连续性来看有两种情况：一种是随加热温度升高晶粒长大速度很快，称为本质粗晶粒钢；另一种是随加热温度升高晶粒长大速度很缓慢，只有加热到更高温度时，晶粒才会迅速长大，称为本质细晶粒钢。

2. 影响奥氏体晶粒长大的因素

(1) 加热温度和保温时间。加热温度高，保温时间越长，奥氏体晶粒长得越大，通常加热温度对奥氏体晶粒的影响比保温时间长短更显著。

(2) 加热速度。当加热温度确定后，加热速度越快，奥氏体晶粒越细小。因此，快速高温加热和短时间保温是生产中常用的一种细化晶粒方法。

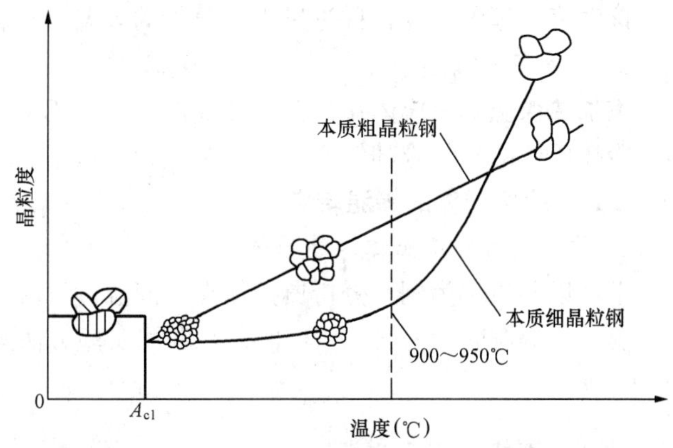

图 7-6　奥氏体晶粒长大倾向示意

(3) 钢的合金化。大多数合金元素均能不同程度地阻碍奥氏体晶粒长大，尤其是与碳结合力较强的合金元素（如铬、钼、钨、钒等），由于它们在钢中形成难溶于奥氏体的碳化物，并弥散分布在奥氏体晶界上，能阻碍奥氏体晶粒长大，而锰、磷则促使奥氏体晶粒长大。

第二节　钢在冷却时的组织转变

冷却是热处理的最后一个工序，也是最关键的工序，它决定了钢热处理后的组织和性能。同一种钢，加热温度和保温时间相同，冷却方法不同，热处理后的性能截然不同。45钢加热到840℃保温之后，采用不同方式冷却后的力学性能见表7-1。

表 7-1　45 钢加热到 840℃ 保温之后，采用不同方式冷却后的力学性能

冷却方式	抗拉强度（MPa）	屈服点（MPa）	延伸率（%）	断面收缩率（%）	硬度
随炉冷却	530	280	32.5	49.3	160～200HBS
空冷	670～720	340	15～18	45～50	170～240HBS
油冷	900	620	18～20	48	40～50HRC
水冷	1100	720	7～8	12～14	52～60HRC

一、过冷奥氏体及其转变方式

在热处理工艺中，冷却是在非平衡状态下进行的。也就是说，热处理的冷却速度很快。那么，就会出现过冷现象，即奥氏体转变为珠光体的共析转变是在共析温度 A_1 以下进行的。

当温度在共析温度 A_1 以上时，奥氏体是稳定的。当温度降到 A_1 以下，奥氏体处于不稳定状态，必然要发生相变。但过冷到 A_1 温度以下的过冷奥氏体并不是立即发生转变，而是要经过一段准备期（也称为孕育期）后才开始转变。这种在孕育期暂时存在的处于不稳定状态的奥氏体称为过冷奥氏体。钢在冷却时的转变，实质上是过冷奥氏体的转变。

过冷奥氏体的转变方式不同，转变后所得材料的显微组织不同，所以材料的性能也不同。常用过冷奥氏体的转变方式有两种，即等温冷却转变和连续冷却转变。

1. 过冷奥氏体等温转变

将加热保温到奥氏体化的钢，以较快的冷却速度冷却到 A_1 以下某一温度保温，使奥氏体在该温度下恒温转变，称为过冷奥氏体的等温冷却转变，如图 7－7 所示。

2. 过冷奥氏体连续冷却转变

将加热保温到奥氏体化的钢连续降温，使奥氏体在连续降温的过程中进行组织转变，称为过冷奥氏体的连续冷却转变，如图 7－7 所示。

二、过冷奥氏体的等温转变

1. 共析钢过冷奥氏体的等温转变

下面以共析钢为例，分析奥氏体在不同温度下冷却时的组织转变。

奥氏体等温转变曲线图（C 曲线）利用实验方法建立的，如图 7－8 所示。

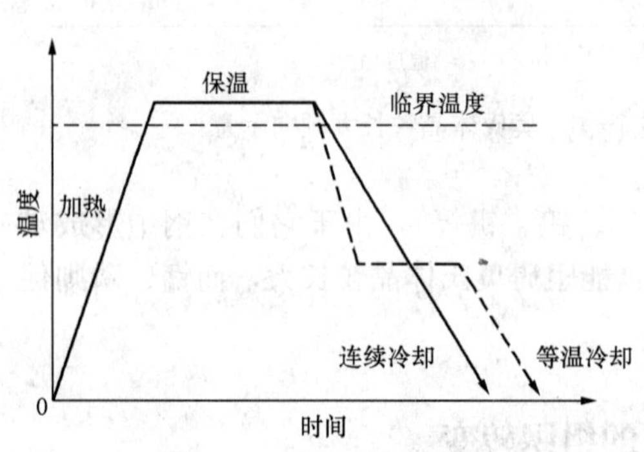

图 7－7 奥氏体的冷却转变曲线

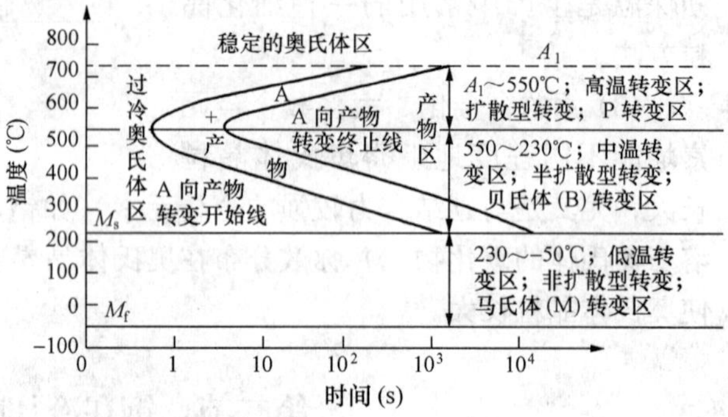

图 7－8 共析钢等温转变曲线

首先将共析钢加工成尺寸相同的薄片试样，并将它们分成若干组，每次取一组试样加热、保温（每组试样的加热、保温条件相同）使其完全奥氏体化后，迅速取出放入 A_1 以下某一温度的恒温盐浴槽中，使其在该温度下过冷奥氏体恒温转变。并每隔一段时间取出一片试样，在显微镜下观察其转变情况，记录过冷奥氏体转变开始和结束的时间及转变产物。

将每组试样均按上述方法进行加热、保温、冷却，每组试样的加热、保温条件相同，每组试样的恒温转变温度不同（盐浴槽的温度不同），其目的是要得到在不同温度下过冷奥氏体转变开始和结束的时间及转变产物。

通过上述试验得出共析钢过冷奥氏体等温转变产物，见表 7－2。

表 7－2 共析钢过冷奥氏体等温转变产物的组织与性能

转变温度范围	转变产物	符号	组织形态	硬度
A_1～650℃	珠光体	P	粗片状	5～25HRC
650～600℃	索氏体	S	细片状	25～30HRC
600～550℃	屈氏体	T	极细片状	35～40HRC
550～350℃	上贝氏体	$B_上$	羽毛状	40～48HRC
350℃～M_s	下贝氏体	$B_下$	黑色针片状	45～50HRC
M_s～M_f	马氏体	M	板条状	40HRC
			片状	35～60HRC

通过上述试验，将各组试样等温转变过程中奥氏体转变开始和终结时间，标注在温度时间坐标系中，分别连接开始转变点和终结点，所得的图线即为等温转变图，如图 7－8 所示。

A_1 为奥氏体转变的临界温度，此线以上为奥氏体稳定区，左边的一条 C 曲线为过冷奥氏体的转变开始线，其左方为过冷奥氏体区，右边的一条C曲线为过冷奥氏体的转变终结线，其右方为转变产物区，中间为转变区，下方的两条水平线分别为马氏体转变开始线和转变终结线。

2. 过冷奥氏体等温转变产物的显微组织和性能

(1) 珠光体转变——高温转变。珠光体型产物为铁素体与渗碳体的机械混合物（F+Fe_3C)，是过冷奥氏体在A_1～550℃温度区间内恒温转变的产物。珠光体型机械混合物包括珠光体、索氏体、托氏体三类。

1) 珠光体（P)：过冷奥氏体在A_1～650℃温度区间内恒温转变的产物，片间距为0.6～0.7μm，硬度为5～25HRC，如图7-9所示。

2) 索氏体（S)：过冷奥氏体在650～600℃温度区间内恒温转变的产物，片间距为0.2～0.4μm，硬度为25～30HRC，如图7-10所示。

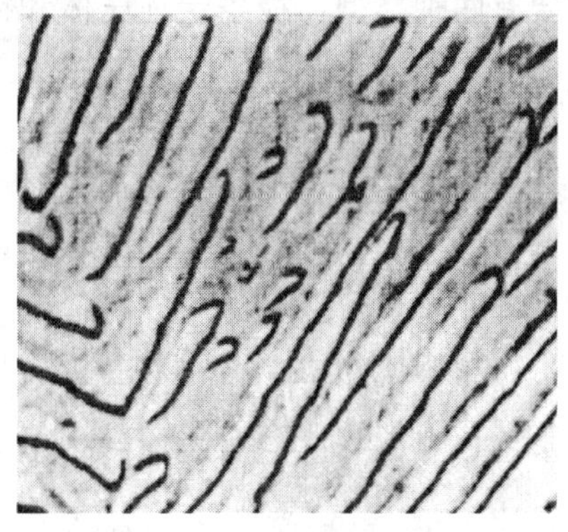

图7-9　珠光体的显微组织

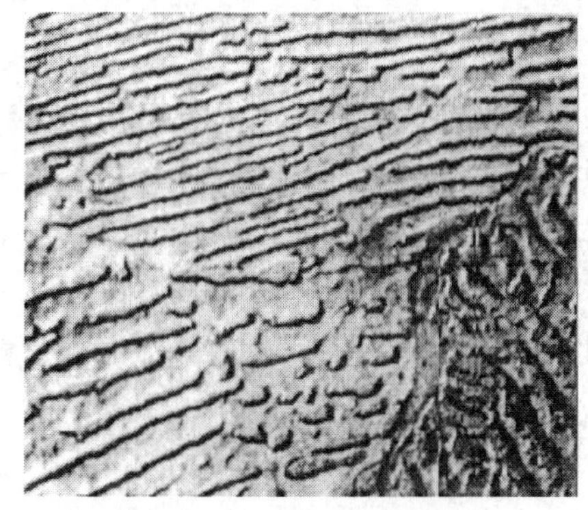

图7-10　索氏体的显微组织

3) 屈氏体（T)：过冷奥氏体在600～550℃温度区间内恒温转变的产物，片间距<0.2μm，硬度为35～40HRC，如图7-11所示。

(2) 贝氏体转变——中温转变。在550℃～M_s温度范围内，过冷奥氏体在恒温下转变的产物，是过饱和的铁素体和微小渗碳体的机械混合物。根据转变温度不同，贝氏体分为上贝氏体和下贝氏体两种。

1) 上贝氏体（$B_上$)。在550～350℃，过冷奥氏体在恒温下转变，得到羽毛状的上贝氏体，硬度较高40～45HRC，强度较低、塑性韧性较差，如图7-12所示。

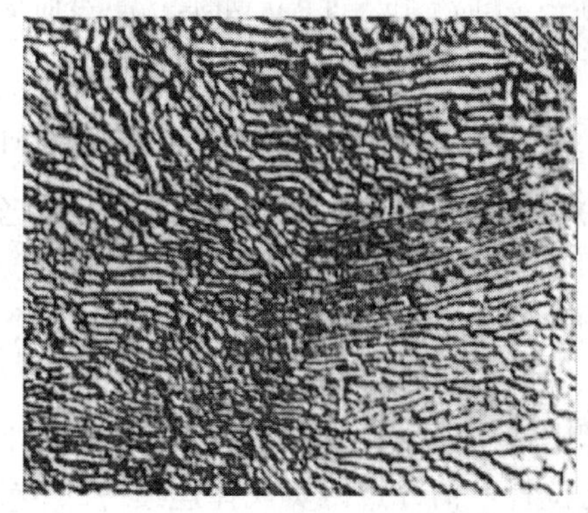

图7-11　屈氏体的显微组织

图7-12　上贝氏体显微组织

2）下贝氏体（$B_下$）。在 350℃～M_s，过冷奥氏体在恒温下转变，得到黑色针状的下贝氏体，硬度高 45～55HRC，强度较高、塑性韧性较好，如图 7－13 所示。

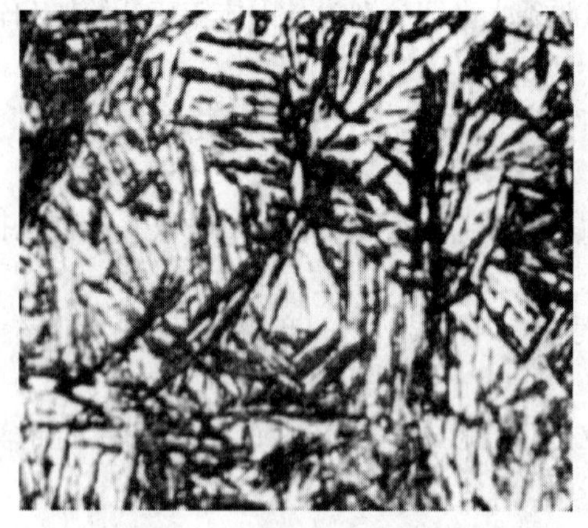

图 7－13 下贝氏体显微组织

贝氏体力学性能主要取决于组织形态。上贝氏体塑变抗力较低，易引起脆裂，因此上贝氏体的强度和韧性均不高，在生产中基本不使用。下贝氏体除有较高的强度和硬度外，还有较好的塑性和韧性，即具有优良的综合力学性能，是生产上常用的组织。

（3）马氏体转变——低温转变。在 M_s 以下得到碳在 α－Fe 中的过饱和固溶体，马氏体组织形态主要有两种类型：板条状马氏体和针片状马氏体。

三、亚共析钢过冷奥氏体的等温转变

亚共析钢在过冷奥氏体向珠光体转变之前，有铁素体析出，所以在等温转变图中多出一条铁素体析出线，如图 7－14 所示。

四、过共析钢过冷奥氏体的等温转变

过共析钢在过冷奥氏体向珠光体转变之前，有二次渗碳体析出，所以在等温转变图多出一条二次渗碳体析出线，如图 7－15 所示。

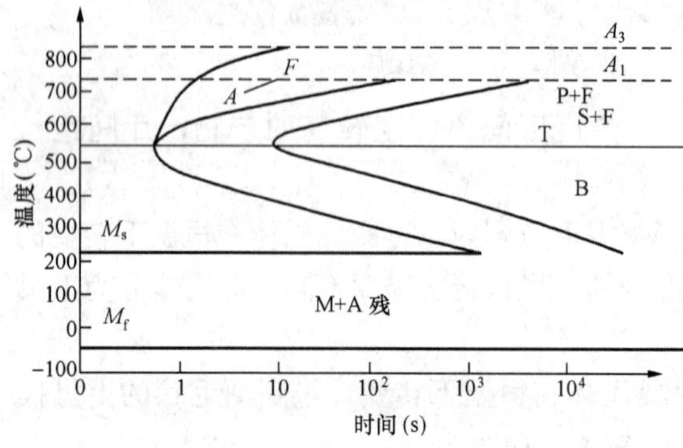

图 7－14 亚共析钢的等温转变曲线

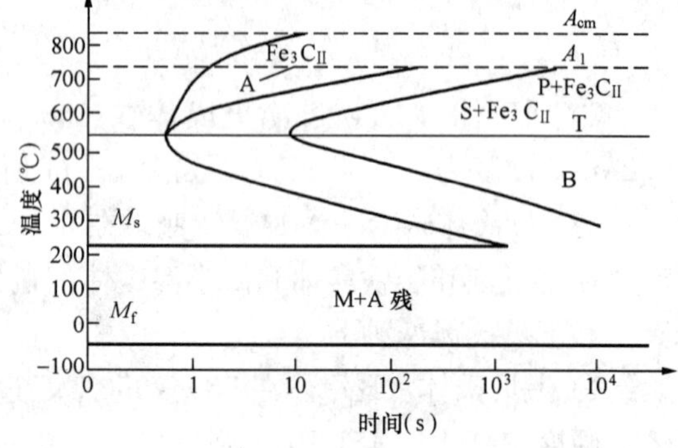

图 7－15 过共析钢的等温转变曲线

五、过冷奥氏体的连续冷却转变

过冷奥氏体的连续冷却转变曲线（CCT 曲线）中，共析钢以大于 v_k（上临界冷却速度）的速度冷却时，得到的组织为马氏体。冷却速度小于 v_k'（下临界冷却速度）时，钢将全部转变为珠光体型组织。共析钢过冷奥氏体在连续冷却转变时得不到贝氏体组织。

与共析钢的 TTT 曲线相比，共析钢的 CCT 曲线稍靠右靠下一点，表明连续冷却时，奥氏体完成珠光体转变的温度较低，时间更长。

由于连续冷却转变曲线测定较困难，所以生产中常用等温转变曲线图来分析连续冷却转变的结果，即按连续冷却曲线与等温转变图相交的位置，估计过冷奥氏体连续冷却转变后所得到的组织，如图 7－17 所示。图 7－17 说明了生产中几种不同连续冷却速度下，过冷奥氏体连续冷却转变的产物。其中，冷却速度 v_k 与等温转变曲线图的鼻尖相切，称为马氏体临界冷却速度，是保证过冷奥氏体在连续冷却过程不发生分解而全部转变为马氏体的最小冷却速度。

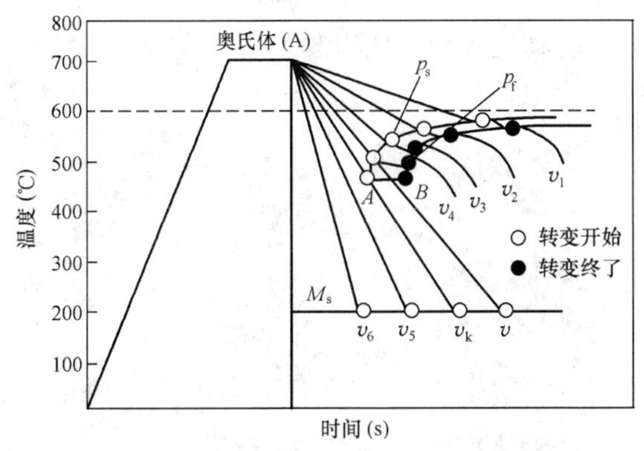

图 7-16　共析钢过冷奥氏体连续冷却转变曲线

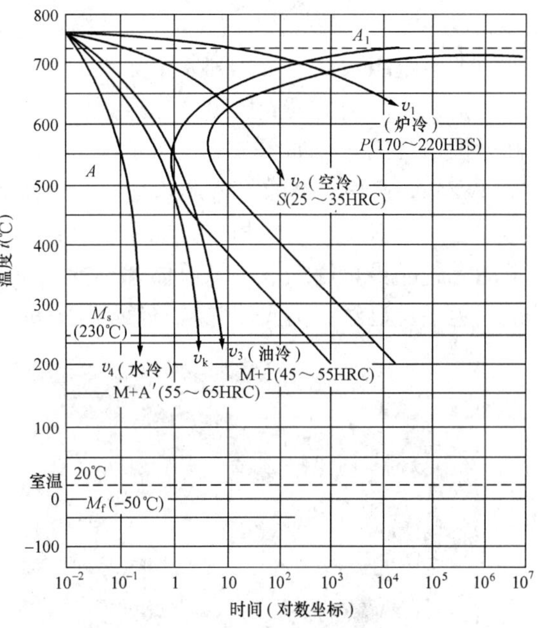

图 7-17　共析钢过冷奥氏体等温转变曲线在连续冷却中的应用

六、几种连续冷却速度下的产物

根据图 7-17 可知：

(1) 过冷奥氏体在 v_1 的连续冷却速度下冷却（随炉冷却），其转变产物为珠光体。

(2) 过冷奥氏体在 v_2 的连续冷却速度下冷却（在空气中冷却），其转变产物为索氏体。

(3) 过冷奥氏体在 v_3 的连续冷却速度下冷却（在油中冷却），其转变产物为屈氏体+马氏体+残余奥氏体。

(4) 过冷奥氏体在 v_4 的连续冷却速度下冷却（在水中冷却），其转变产物为马氏体+残余奥氏体。

七、马氏体及其转变

1. 马氏体（M）及其晶体结构

当冷却速度大于 v_k 时，奥氏体很快被过冷到 M_s 点以下，发生马氏体转变。由于冷却速度极快，造成过冷度很大，因此，过冷奥氏体在转变时，铁、碳原子均不能进行扩散，只有依靠铁原子的移动来完成 γ-Fe 向 α-Fe 的晶格改组，但原来溶解于奥氏体中的碳仍全部保留在 α-Fe 中，这种由过冷奥氏体直接转变为碳在 α-Fe 中的过饱和固溶体，称为马氏体。其晶胞结构如图 7-18 所示。

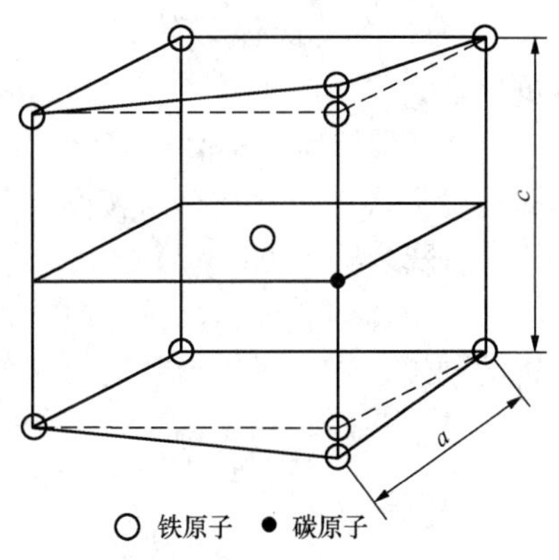

图 7-18　马氏体的晶胞结构

2. 马氏体的显微组织

马氏体组织形态主要有两种类型：板条状马氏体和针片状马氏体。

(1) 板条状马氏体的立体形状呈细长板条状。显微组织呈一束束的细条状组织，每束之内的细条组织大致平行排列，束与束之间有较大的晶格位向差。在一个奥氏体晶粒内可以形成几个位向不同的马氏体束。在透射镜下，马氏体板条内的亚结构是高密度的位错，因而也称为位错马氏体，如图 7－19 所示。

(2) 针状马氏体的立体形态呈双凸透镜状，显微组织为针片状，是立体形态的截面。片与片之间具有较大的位相差。在一个奥氏体晶粒内，先形成的马氏体片横贯奥氏体晶粒，但不能穿越晶界，后形成的马氏体片不能穿过先形成的马氏体片，所以越是后形成的马氏体片也就越小。显然，奥氏体晶粒越细，马氏体片的尺寸也就越小，如图 7－20 所示。

图 7－19 板条状马氏体的显微组织

图 7－20 针状马氏体的显微组织

3. 马氏体转变具有的特点

(1) 马氏体的转变是无扩散型转变，马氏体的转变是在过冷度极大的条件下进行的。由于转变的温度较低，所以奥氏体中的铁碳原子都不能进行扩散，只能进行晶格的改组(面心立方晶格转变为体心立方晶格)，形成碳在 α－Fe 中的过饱和固溶体，如图 7－18 所示。

(2) 马氏体转变速度极快，过冷奥氏体转变为马氏体时，一般不需要孕育期。

(3) 马氏体转变有一定的温度范围，过冷奥氏体只有在 $M_s \sim M_f$ 温度之间才能转变为马氏体（过冷奥氏体开始转变和 M_f 温度取决于过冷奥氏体的含碳量，与冷却速度无关）。其中，M_s为过冷奥氏体开始转变为马氏体的温度；M_f 为过冷奥氏体转变为马氏体结束的温度。

(4) 马氏体转变具有不完全性，因为 M_f 温度一般为室温以下，所以，当材料冷却到室温时过冷奥氏体依然没结束转变，其内部依然存在过冷奥氏体。

八、残余奥氏体

过冷奥氏体转变为马氏体时，但总有一部分奥氏体残留下来，称为残余奥氏体，它将降低钢的硬度，影响零件形状、尺寸的稳定性。

第三节 退 火 与 正 火

退火和正火都是应用非常广泛的热处理工艺。退火与正火的用途有两个方面：其一，作为一些较为重要的零件的预先热处理，安排在铸造和锻造之后，切削（粗）加工之前，用以消除前一工序所带来的某些缺陷，为后续工序做组织准备；其二，对于一些不重要的零件作为最终热处理。

退火和正火的主要目的是：调整硬度以便进行切削加工，经适当退火和正火后，可使工件硬度调整到170～250HBS，该硬度值具有最佳的切削加工性能；消除残余内应力，可减少工件后续加工中的变形和开裂；细化晶粒，改善组织，提高力学性能。正火可以消除过共析钢中的网状Fe_3C，为最终热处理（如淬火）做好组织准备。

一、退火

将组织偏离平衡状态的钢加热到适当温度，保温一定时间，然后缓慢冷却（一般为随炉冷却），以获得接近平衡状态组织的热处理工艺。

根据钢加热的温度可将退火分为重结晶退火（加热温度在相变温度以上）和低温退火（加热温度在相变温度以下）。常用的退火工艺包括完全退火、球化退火、等温退火、均匀化退火、去应力退火。

1. 完全退火

完全退火主要用于亚共析成分的碳钢，大中型合金钢的铸、锻件及热轧型材，有时也用于焊接结构。一般是作为重要件的预先热处理，也可作为一些不重要工件的最终热处理。

完全退火是将材料加热到A_{c3}+(30～50)℃，保温一定时间，待材料内部完全奥氏体化后，随炉冷却到600℃出炉空冷，获得接近平衡状态组织的热处理工艺。完全退火又称重结晶退火和普通退火。完全退火的生产周期比较长。

完全退火的目的是通过完全重结晶，使热加工造成的粗大、不均匀的组织均匀化和细化，以提高性能；使亚共析成分的碳钢和合金钢得到接近平衡状态的组织，以降低硬度，改善切削加工性能；由于冷却速度缓慢，还可消除内应力。

2. 球化退火

球化退火是使钢中碳化物球状化而进行的热处理工艺。球化退火是一种不完全退火（加热温度略高于A_{c1}），主要用于共析和过共析碳素钢及合金工具钢。

球化退火是将共析钢和亚共析钢加热到A_{c1}点以上20～30℃，保温一定时间，随炉缓慢冷却的热处理工艺。

其目的是使二次渗碳体及珠光体中的渗碳体球状化，从而降低材料硬度，改善材料切削加工性能，并为后续的淬火做组织准备。

3. 等温退火

等温退火对于亚共析钢可替代完全退火，对于共析钢、过共析钢，可代替球化退火。

等温退火是将亚共析钢加热到A_{c3}+(30～50)℃，将共析钢和过共析钢加热到A_{c1}+(30～50)℃，保温一定时间后，迅速冷却到A_{r1}以下、珠光体温度区间内某一温度，经等温保持使奥氏体转变为珠光体型组织。

与普通退火相比，等温退火具有以下优点：①由于珠光体转变在恒温下完成，易于控制，并能获得均匀的预期组织；②对于某些奥氏体比较稳定的合金钢，由于等温处理前后可较快冷却，常可大大缩短退火周期。

4. 均匀化退火（扩散退火）

均匀化退火是将铸态材料或零件加热到略低于固相线温度150～200℃的温度，长时间保温，然后缓慢冷却的热处理工艺。

均匀化退火主要是用于消除某些铸态材料或零件中的化学成分偏析。由于均匀化退火的加热温度高，保温时间长，导致奥氏体晶粒严重粗化，因此，材料在均匀化退火后还需进行一次完全退火或正火。

5. 去应力退火

去应力退火是将工件加热至A_{c1}以下某一温度（根据具体需要确定）保温后随炉冷却到160℃以下出炉空冷。

去应力退火是一种无相变的退火，主要用于消除铸、锻、焊件的内应力，稳定尺寸，防止后续工序中工件变形和开裂。

二、正火

正火是将亚共析钢加热到A_{c3}点以上30～50℃，将共析钢、过共析钢加热到A_{ccm}以上30～50℃，保温后在空气中冷却的热处理工艺。

正火与退火的主要区别在于正火的冷却速度较快，过冷度较大，因此，正火后所获得的组织比较细小，组织中珠光体的数量较多，因而强度、硬度及韧性比退火后要高。以45钢为例，见表7－3。

表7－3　45钢退火、正火状态的力学性能比较

状态	抗拉强度（MPa）	伸长率δ_s（%）	冲击韧度（J/cm^2）	硬度
退火	650～700	15～20	40～60	180HBS
正火	700～800	15～20	50～80	160～220HBS

与退火相比，正火操作简单，生产周期短，能量耗费少，正火后钢的综合力学性能比退火要好，故在可能的条件下，应优先考虑正火处理。正火主要用于以下几个方面：

(1) 改善低碳钢的切削加工性能。低碳钢退火后组织中的铁素体数量较多，硬度偏低，切削加工时有“黏刀”现象。加工表面较粗糙，正火能提高低碳钢的硬度，改善切削加工性能。

(2) 消除网状渗碳体。正火加热时可以使网状二次渗碳体充分溶入奥氏体中，在空气冷却时，由于过冷度较大，二次渗碳体来不及析出，因而消除了网状二次渗碳体，为球化退火做好准备。

(3) 作为重要零件的预备热处理。正火可以消除由于热加工造成的组织缺陷，细化晶粒。改善切削加工性能，减小工件在淬火时的变形与开裂倾向。正火常作为重要工件的预备热处理。

(4) 作为普通零件的最终热处理。经正火处理后组织的综合力学性能较高，能满足普通零件的使用性能。另外，对于大型、复杂零件，淬火时有开裂危险，也可用正火代替淬火、回火处理。

各种退火与正火的加热温度范围及工艺曲线如图7－21所示。

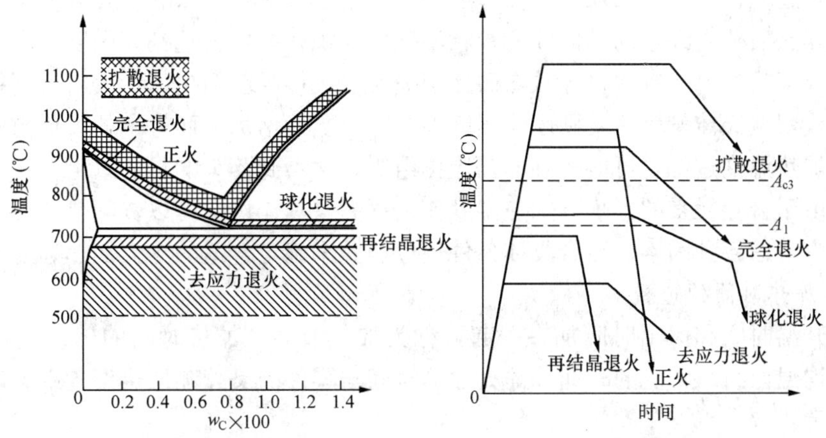

图 7-21　各种退火与正火的加热温度范围及工艺曲线

第四节　淬　　火

钢的淬火是将钢件加热到 A_{c3} 或 A_{c1} 相变点以上某一温度，保持一定时间，然后以大于 v_k 的速度冷却获得马氏体和（或）下贝氏体组织的热处理工艺。其目的是通过淬火先获得马氏体或贝氏体，从而提高材料的强度、硬度和耐磨性。淬火热处理后再与回火热处理配合赋予工件最终的使用性能。

(1) 提高强度、硬度和耐磨性——采用淬火＋低温回火，组织为回火马氏体。

(2) 提高弹性——采用淬火＋中温回火，组织为回火屈氏体。

(3) 提高综合性能——采用淬火＋高温回火，组织为回火索氏体。

一、淬火工艺

淬火热处理工艺和其他热处理工艺相同，即加热、保温、冷却。

1. 淬火加热温度的选择

不同的钢材料其淬火加热温度不同，碳素钢的淬火加热温度可由 Fe-Fe_3C 相图来确定，如图 7-22 所示。

亚共析钢的淬火加热温度一般为 A_{c3} 点以上 30～50℃，在此温度范围内，可获得全部细小的奥氏体晶粒。淬火后得到细小均匀的马氏体组织。若加热温度过高则会引起奥氏体晶粒粗大，淬火后钢的性能变差，而且温度过高，还容易引起钢的氧化与脱碳现象；若加热温度过低，淬火组织中将出现铁素体，使淬火后钢的硬度及耐磨性下降。

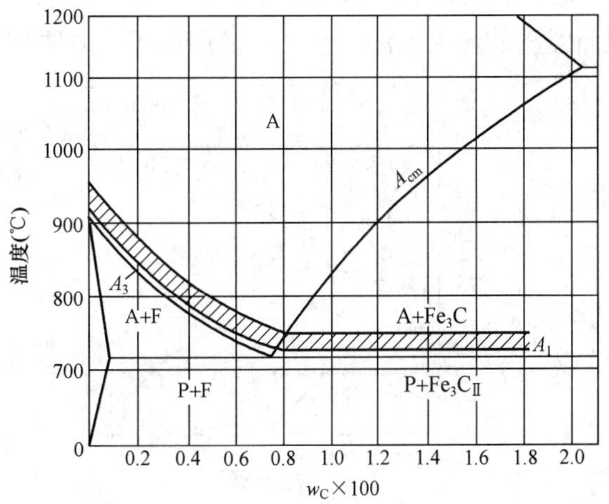

图 7-22　碳素钢的淬火加热温度范围

共析钢和过共析钢的淬火加热温度一般为 A_{c1} 以上 30～50℃，此时的组织为奥氏体和粒状渗碳体，淬火后获得细小的马氏体和粒状渗碳体组织，能保证达到高硬度和高耐磨性的要求。若加热温度超过 A_{ccm} 点，将导致渗碳体消失，奥氏体晶粒粗化，淬火后得到粗大片状马氏体，而且残留奥氏体量增多，硬度及耐磨性下降，脆性增加，而且钢的氧化与脱碳现象严重；若淬火加热温度过低，可能得到非马氏体组织，达不到淬火的目的。

合金钢由于合金元素的影响，加热温度比碳钢高，具体情况可以查阅热处理手册。在实际生产中，应考虑各种因素，结合具体条件通过实验来确定合适的淬火加热温度。

2. 淬火加热时间的选择

一般将升温时间和保温时间加在一起，称为加热时间。加热时间的确定应考虑两个问题：材料的均温，组织转变的时间。淬火加热时间与零件的尺寸和加热设备有关，可按以下经验公式确定：

$$\tau = \alpha D$$

式中：α 为系数，一般取 1～1.5；D 为零件的有效厚度。

3. 理想的冷却方法（淬火介质选择）

在淬火工艺中所采用的冷却介质称为淬火介质。淬火介质可以是液体或气体。淬火介质对保证淬火工艺的实施起至关重要的作用。由 C 曲线可知，淬火介质的冷却能力必须保证工件以大于临界冷却速度（v_k）冷却才能实现淬火，冷却越快，产生的内应力越大，易引起工件变形和开裂。

较为理想的淬火介质应该是在 C 曲线“鼻尖”附近快冷，使冷却曲线不与 C 曲线相交，而在 M_s 点附近应尽量慢冷，以减少马氏体转变时产生的组织内应力。这样既保持较高的淬火冷却速度，又不致形成较大的淬火应力。理想的淬火冷却速度，如图 7－23 所示。但到目前为止，尚未找到这种理想的冷却介质。生产中常用的淬火介质有水、油、盐浴、盐或碱的水溶液等。其中，水的冷却能力较强，但淬火时易使工件发生变形或开裂，适合作为形状简单或奥氏体稳定性较小的碳素钢工件的淬火介质；油的冷却能力较弱，有利于减少工件的变形或开裂倾向，适合作为奥氏体稳定性较高的合金钢的淬火介质。

4. 生产中常用的淬火方法

根据工件的化学成分、形状、尺寸、技术要求等，结合各种淬火介质的特性，应选择简便而经济的淬火方法。生产中常用的淬火方法如图 7－24 所示。

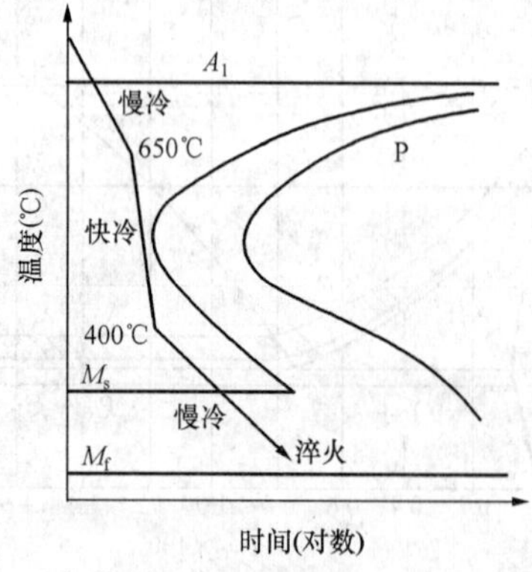

图 7－23 钢的理想淬火冷却速度

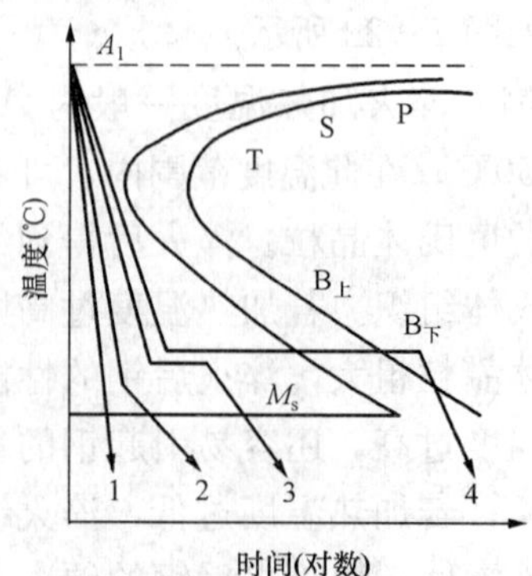

图 7－24 常用的淬火方法示意

(1) 单介质淬火。将奥氏体化后的工件在一种淬火介质中冷却发生马氏体组织转变的淬火工艺，称为单介质淬火，如图 7-24 所示曲线 1。单介质淬火法操作简单，易实现机械化，应用较广。但是，单介质淬火组织应力、热应力都较大，淬火变形较大。水淬变形开裂倾向大，油淬冷却能力低，淬硬度小，故单介质淬火仅适用于形状简单的工件。

(2) 双介质淬火。先将奥氏体化后的工件浸入冷却能力较强的介质中迅速冷却（避免珠光体转变），在工件组织将发生马氏体转变时立即转入冷却能力较弱的介质中冷却发生马氏体组织转变的淬火工艺，称为双介质淬火。其目的是在 650～M_s 快冷，使 $v>v_k$ 在 M_s 线以下缓慢冷却以降低组织应力。采用双介质淬火时，碳钢先水淬后油冷；合金钢先油冷后空冷。双介质淬火应力小，减少了变形和开裂的可能性，双介质淬火的工艺不易控制，对操作技术要求较高，如图 7-24 所示曲线 2，双介质淬火适用于形状复杂及尺寸较大的工件。

(3) 马氏体分级淬火。先将奥氏体化后的工件放入温度稍高于 M_s 点的盐浴（或碱浴）中，保温适当的时间，待工件整体达到介质温度后取出空冷，在空气中转变为马氏体组织的淬火工艺，称为马氏体分级淬火，如图 7-24 所示曲线 3。马氏体分级淬火工艺比双介质淬火工艺简单易控制，能减小热应力、相变应力和变形、开裂，硬度也较均匀。马氏体分级淬火工艺主要用于截面尺寸较小、形状较复杂的工件。

(4) 贝氏体等温淬火。将已奥氏体化的工件快速冷却到贝氏体转变温度区间等温保持，是奥氏体转变为贝氏体的淬火工艺，称为贝氏体等温淬火，如图 7-24 所示曲线 4。贝氏体等温淬火后工件的内应力和变形较小，具有较高的塑性、韧性和耐磨性，适用于截面尺寸小，形状复杂、尺寸精度及综合力学性能要求较高的工件。

5. 冷处理

冷处理是指工件淬火冷却到室温后，继续在低于室温的介质中冷却的工艺方法，其目的是减少和消除残留奥氏体，稳定工件尺寸，提高硬度和耐磨性。

二、钢的淬透性

淬透性是指钢在淬火时所能得到的淬硬层（马氏体组织占 50%处）的深度。影响钢淬透性的主要因素是临界淬火冷却速度 v_k 的大小，v_k 越大，钢的淬透性越好。图 7-25 所示为工件淬硬层与淬火冷却速度的关系。

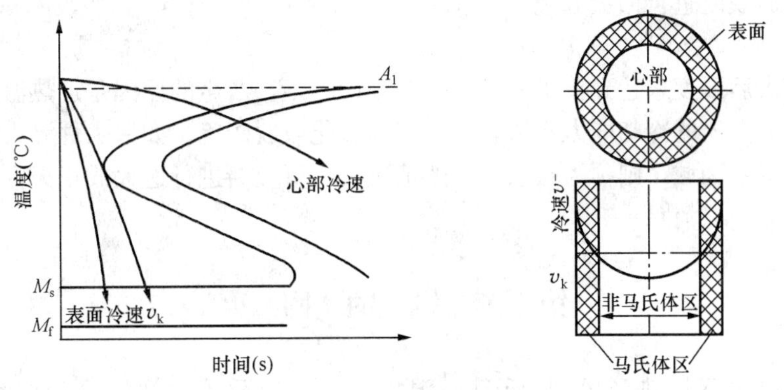

图 7-25　工件淬硬层与淬火冷却速度的关系

三、钢的淬硬性

钢的淬硬性是指钢在淬火后所能达到的最高硬度。影响钢淬硬性的主要因素是马氏体的含碳量。

四、淬火缺陷

1. 氧化与脱碳

(1) 氧化。氧化是指工件在加热时，加热介质中的氧、二氧化碳、水等与工件表层的铁原子发生反应形成氧化物的过程。其结果是在工件表面形成一层松脆的氧化铁皮，造成材料的损耗，降低工件的承载能力和表面质量。

(2) 脱碳。脱碳是指加热时，气体介质与工件表层的碳原子相互作用，造成工件表层碳的质量分数降低的现象。其结果是使工件表层的性能下降，表面质量降低。

为了防止氧化和脱碳，对于重要的零件，通常可在盐浴炉内进行加热，零件要求更高时，可在工件表面涂覆保护剂或在保护气氛及真空中加热。

2. 过热与过烧

(1) 过热。过热是指工件在热处理加热时，由于加热温度偏高而使奥氏体晶粒粗化，造成力学性能显著下降的现象称为过热。工件过热后所形成的粗大奥氏体晶粒可通过退火或正火来消除。

(2) 过烧。过烧是指加热温度更高，造成奥氏体晶界氧化和部分熔化的现象称为过烧。导致过烧的零件无法补救，只能报废。

为防止工件的过热与过烧，必须合理制订加热规范，严格控制加热温度和加热时间。

3. 变形与开裂

变形是指工件在淬火后出现形状或尺寸改变的现象。开裂是指工件在淬火时出现裂纹的现象。变形与开裂是由于工件在淬火时其内部产生较大淬火内应力造成的。淬火内应力包括热应力和相变应力。热应力是指工件在加热或冷却时，由于不同部位存在温度差异而导致热胀或冷缩不均匀所产生的应力；相变应力是指在热处理过程中因工件不同部位组织转变不同步而产生的应力。当淬火内应力大于钢的屈服点时，工件就会产生变形；淬火内应力超过钢的抗拉强度时，工件就会产生裂纹。

为了减少工件在淬火时的变形、开裂，应制订合理的淬火工艺规范，采用适当的淬火方法，并在淬火后及时进行回火处理。

4. 硬度不足

工件在淬火后硬度未达到技术要求，称为硬度不足。产生的原因是加热温度偏低，保温时间过短，淬火介质的冷却能力不够，工件表面氧化或脱碳等。如果工件淬火后，其表面存在硬度偏低的局部区域，则称为软点。一般情况下，可重新进行退火或正火，然后，再重新进行正确的淬火予以消除。

第五节 钢的回火

回火是将淬火钢加热到 A_{c1} 以下某一温度，经保温适当时间后冷却到室温的热处理工艺。

由于淬火得到的淬火马氏体组织很脆，存在较大的内应力，容易产生变形和开裂。淬火马氏体和残余奥氏体都是亚稳定组织，在适当条件下有可能分解，导致零件形状、尺寸和使用性能的变化。所以，要获得技术要求的强度、硬度、塑性和韧性及零件在使用时的稳定性，经过淬火热处理的钢一般不直接使用，需要进行回火热处理。

一、淬火钢在回火时组织和性能的变化

淬火钢在回火时的组织转变非常复杂。淬火钢中的马氏体和残留奥氏体都是不稳定组织，它们在回火过程中，马氏体由过饱和状态向非饱和状态转变，也就是碳以一定的形式析出；残余奥氏体也发生转变，它们的最后转变产物是稳定的铁素体和渗碳体组织。其回火过程一般可分为四个阶段。

1. 马氏体分解（100～350℃）

当回火的加热温度在 100℃以下时，其组织和性能基本保持不变。当加热温度超过 100℃时，马氏体开始分解，马氏体中的碳以 ε 碳化物（$Fe_{2.4}C$）的形式析出，其过饱和度减小，晶格正方度降低。但由于这一阶段加热温度较低，马氏体中的碳仅析出一小部分碳原子，也就是说，马氏体仍然是碳在 α－Fe 中的过饱和固溶体。而所析出的 ε 碳化物（$Fe_{2.4}C$），均匀地分布在马氏体的基体上，这种由碳在 α－Fe 中的过饱和固溶体和细小的 ε 碳化物（$Fe_{2.4}C$）组成的组织，称为回火马氏体，用 $M_{回}$表示，如图 7－26 所示。

图 7－26 回火马氏体

回火马氏体的性能：淬火应力有所减小，淬火钢的力学性能变化不大，其原因为 $M_{回}$的硬度虽然比 M 硬度有所降低，但是，由于有 ε 碳化物（$Fe_{2.4}C$）的析出并均匀地分布在碳在 α－Fe 中的过饱和固溶体周围，所以钢的力学性能变化不大。又由于 ε 碳化物（$Fe_{2.4}C$）的析出，使碳在 α－Fe 中的过饱和固溶体的晶格畸变程度降低，所以淬火应力有所降低。

2. 残留奥氏体转变（200～300℃）

残留奥氏体从 200℃以上开始转变，到 300℃左右基本结束，转变为下贝氏体。在此温度范围内，马氏体仍在继续分解。在该阶段，虽然马氏体的分解降低了钢的硬度，但由于比较软的残余奥氏体转变为下贝氏体，提高了硬度，因此淬火钢的硬度下降不明显，但淬火内应力却进一步减小了。

3. 碳化物的转变（250～400℃）

在 250℃以上 ε 碳化物（$Fe_{2.4}C$）开始逐渐向稳定的渗碳体转变，温度升高到 400℃时 ε 碳化物（$Fe_{2.4}C$）完全转变为高度弥散分布的、极细小的粒状渗碳体。由于从 100～400℃的区间内碳化物不断析出，此时，碳在 α－Fe 中的含量基本接近平衡成分，实际上已经转变成铁素体，但形态仍为针状。于是得到由针状的铁素体和弥散在它周围的极细小的铁素体组成的混合物，称为回火屈氏体，如图 7－27 所示。

4. 渗碳体的聚集长大和铁素体的再结晶（>400℃）

在加热温度高于400℃以上时，高度弥散分布的及细小粒状的渗碳体逐渐转变为较大粒状渗碳体，达到600℃以上渗碳体迅速粗化。此外，在450℃以上铁素体发生再结晶，其形态由针状转变为块状（多边形）。这种在多边形铁素体基体上分布着粗粒状渗碳体的混合物，称为回火索氏体，如图7-28所示。

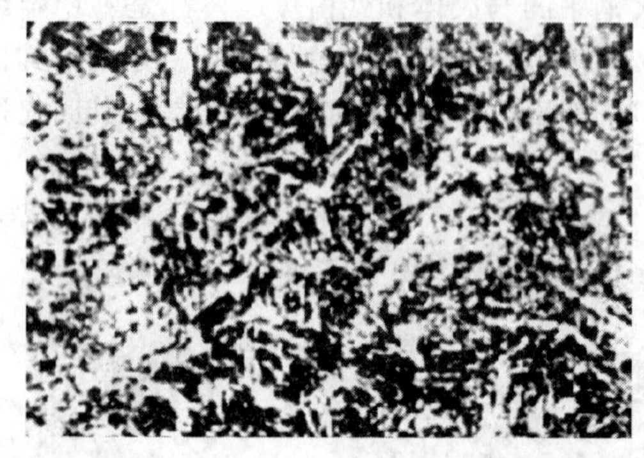

图7-27 回火屈氏体

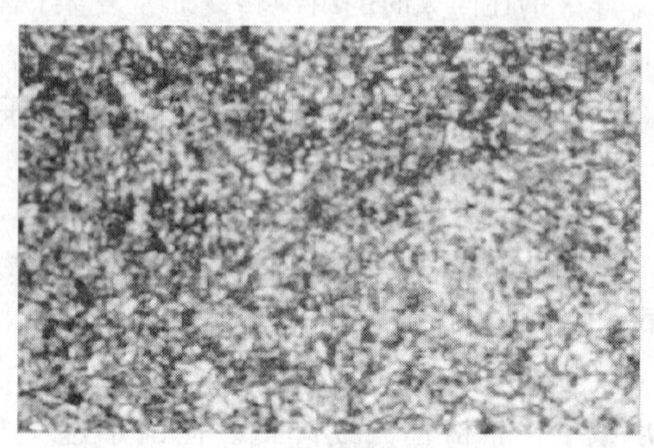

图7-28 回火索氏体

二、回火的分类及应用

1. 低温回火（150～250℃）

低温回火是将钢加热到150～250℃，经保温适当时间后冷却到室温的热处理工艺。所得到的组织为回火马氏体（见图7-26），硬度一般为58～64HRC。

淬火后再进行低温回火的热处理工艺，主要用于各种切削刀具、冷作模具、量具、滚动轴承、表面淬火件、渗碳件等。其目的是在保证淬火后工件的高硬度、高耐磨性的基础上，降低淬火应力，提高工件韧性。

2. 中温回火（350～500℃）

中温回火是将钢加热到350～500℃，经保温适当时间后冷却到室温的热处理工艺。所得到的组织为回火屈氏体（见图7-27），硬度一般为35～45 HRC。

淬火后再进行中温回火的热处理工艺，主要用于各种弹簧钢，其目的是使钢件具有高的弹性极限、屈服极限及一定的韧性。

3. 高温回火（500～650℃）

高温回火是将钢加热到500～650℃，经保温适当时间后冷却到室温的热处理工艺。所得到的组织为粒状渗碳体和铁素体基体的机械混和物，称为回火索氏体（见图7-28），硬度一般为200～350HB。生产中将淬火后再进行高温回火的热处理工艺称为调质处理。调质热处理广泛用于轴类、齿轮、连杆等受力复杂的零件。

三、调质与正火后性能的比较

应当指出，钢经调质热处理和正火热处理后的硬度是相近的，但重要的结构零件一般都进行调质处理而不采用正火。这主要是由于调质后的组织为回火索氏体，其中渗碳体为颗粒状；而正火的组织为索氏体，渗碳体为片状。因此，调质处理后工件不仅强度高，而且塑性和韧性也显著超过了正火状态。回火索氏体与索氏体的性能比较见表7-4（以45钢为例）。

表 7-4　45 钢经调质和正火热处理后的性能比较

状态	组织	抗拉强度（MPa）	伸长率 δ（%）	冲击韧性（J/cm²）	硬度
调质	回火索氏体	750～850	20～25	80～120	210～250HBS
正火	索氏体	700～800	15～20	50～80	160～220HBS

四、回火脆性

淬火钢在某一回火温度范围内，随着回火温度的升高，钢的冲击韧性下降的现象称为回火脆性。回火脆性分为两类，如图 7-29 所示。

1. 第一类回火脆性

钢淬火后在 250～400℃回火时所产生的回火脆性，称为第一类回火脆性（低温回火脆性）。它与回火冷却速度无关，几乎所有的钢都会产生这类回火脆性。第一类回火脆性产生后无法消除，故又称为不可逆回火脆性。

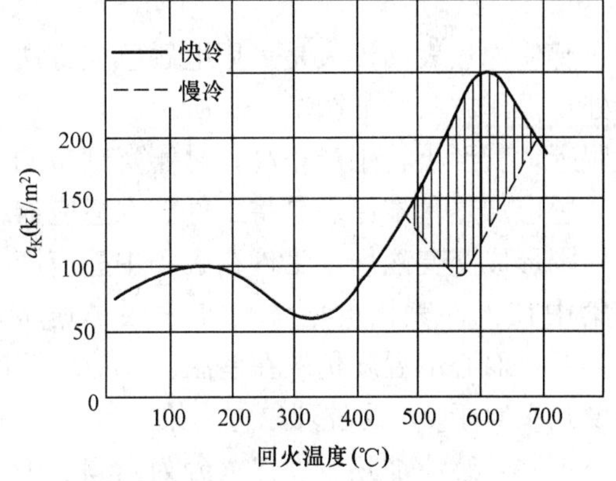

图 7-29　回火温度与钢的韧性的关系

产生第一类回火脆性的主要原因是在 250℃以上回火时，由于沿马氏体晶界析出硬脆的薄片碳化物，破坏了马氏体间的连接，导致韧性降低，脆性增加。为了防止产生回火脆性，一般采取避开该温度区间回火，或在钢中加入少量 Si 提高脆化温度区间，改用等温淬火处理获得贝氏体组织也可提高韧性等。

2. 第二类回火脆性

钢淬火后在 450～650℃回火时所产生的回火脆性，称为第二类回火脆性（高温回火脆性）。这种回火脆性是可逆的，当钢加热到脆化温度以上慢冷，或在脆化温度区间长时间保温时，均会出现脆性，但当将已产生脆性的工件重新加热到脆化温度以上快冷时，又可消除脆性。一般高温回火脆性与 Sb、Sn、P 等杂质元素在原奥氏体晶界偏聚有关，钢中的 Ni、Cr、Mn 等合金元素促进杂质的偏聚，而且这些元素也向晶界偏聚，从而加大了这类回火脆性的倾向。

防止第二类回火脆性的方法主要有以下几个：

(1) 尽量减少钢中杂质元素含量。

(2) 对有高温回火脆性的钢，高温回火后快冷来抑制回火脆性。

(3) 加入 W、Mo 等能抑制晶界偏聚的合金元素。

第六节　表面淬火与化学热处理

在工业生产中，齿轮、凸轮、曲轴等零件对性能的要求是：表面高硬度、高强度及好的耐磨性，而心部高韧性，对这类零件需要进行表面热处理，表面热处理的方法有表面淬火与化学热处理。

一、表面淬火

根据加热方法的不同，表面淬火可分为感应加热表面淬火、火焰加热表面淬火、电接触加热表面淬火、激光加热表面淬火等几种。工业上应用最多的为感应加热表面淬火和火焰加热表面淬火。

碳的质量分数在0.4%～0.5%的中碳钢或中碳合金钢最适宜表面淬火。这是由于中碳钢或中碳合金钢经过预先热处理（正火或调质）以后再进行表面淬火处理，既可以保持心部原有良好的综合力学性能，又可使表面具有高硬度和耐磨性；若碳的质量分数过高，尽管淬火后的表面硬度、耐磨性提高，但硬化层的脆性增大，心部的塑性和韧性较低。而低碳钢由于表面强化效果不显著，很少采用表面淬火工艺。

1. 感应加热表面淬火

感应加热表面淬火是采用电磁感应方法使零件表面迅速加热，然后迅速喷水冷却的一种热处理操作方法，如图7-30所示。其特点是加热速度快，热处理质量好，脆性小，不易氧化脱碳，变形小，生产率高，易于实现自动化和机械化。

感应加热基本原理是将工件放入感应器中，感应器通过中频或高频交流电流后，在感应器周围形成交变磁场，工件在磁场中感应产生同频率的感应电流，由于钢本身具有电阻，因而集中在工件表面的电流可使表层迅速被加热，在数秒内可使工件表面温度达到800～1000℃，而心部温度仍停在室温。感应电流的特性是，在工件表面电流密度极大，心部电流密度几乎等于0，这种现象称为集肤效应。频率越高，感应加热深度越浅。根据感应加热的频率不同，感应加热表面淬火分为高频、中频和工频感应加热三种。

(1) 高频感应加热。常用的频率范围在200～300kHz，淬硬深度为0.5～2mm，用于中小模数齿轮、小型轴、套类零件表面淬火等。

(2) 中频感应加热。常用的频率范围在0.5～10kHz，淬硬深度为2～8mm，用于直径较大的轴类和较大模数的齿轮的表面淬火等。

(3) 工频感应加热。常用的频率范围在50Hz，淬硬深度达为10～15mm，用于大型零件的表面淬火和大直径钢件的穿透加热。

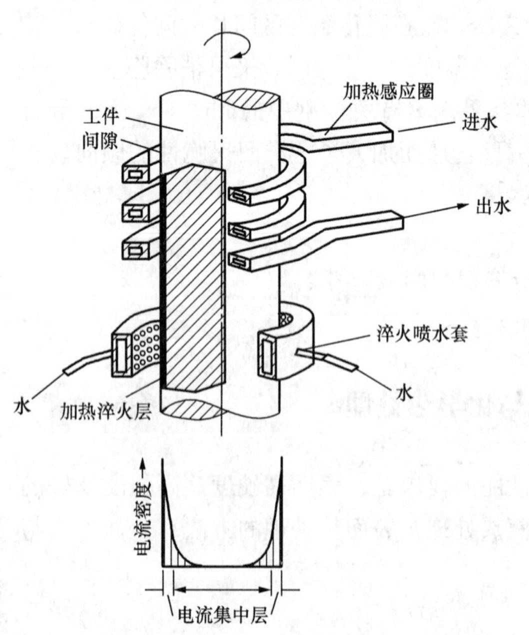

图7-30 感应加热表面淬火

2. 火焰加热表面淬火

火焰加热表面淬火是一种以高温火焰为热源对工件表层进行快速加热，随即快速冷却的淬火工艺，如图7-31所示，适用于中碳钢、中碳合金钢及大型铸铁件。其特点是方法简便，不需要特殊设备，适于单件或小批量生产。但加热温度不易控制，工件表面易过热，淬火质量不稳定，火焰加热表面淬火的淬硬层深度一般为2～6mm。

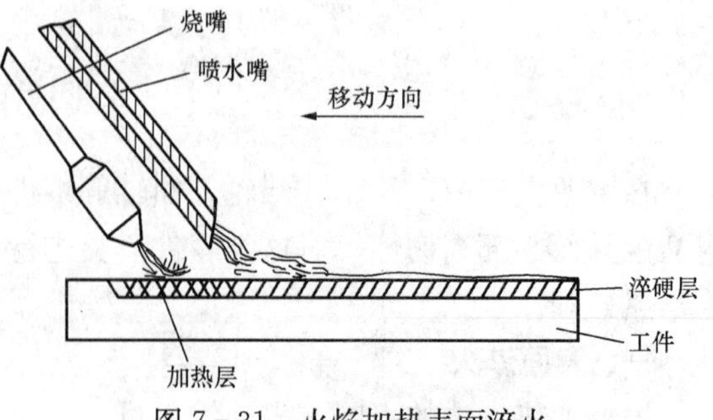

图7-31 火焰加热表面淬火

二、化学热处理

化学热处理是将金属或合金工件置于一定温度的活性介质中保温，使一种或几种元素渗入它的表层，以改变其表面化学成分、组织和性能的热处理工艺。

化学热处理的主要特点是表层不仅有组织的变化，而且有成分的变化，故性能改变的幅度大。其主要作用是强化和保护金属表面。

化学热处理的基本过程如下：加热，将工件加热到一定温度使之有利于吸收渗入元素活性原子；分解，由化合物分解或离子转变而得到渗入元素活性原子；吸收，活性原子被吸附并溶入工件表面形成固溶体或化合物；扩散，渗入原子在一定温度下，由表层向内部扩散形成一定深度的扩散层；渗碳、碳氮共渗可提高钢的硬度、耐磨性及疲劳性质。

化学热处理的方法如下：渗碳、碳氮共渗可提高钢的硬度、耐磨性及疲劳性质；渗氮、渗硼、渗铬使工件表面特别硬，可显著提高耐磨性和耐蚀性；渗铝可提高耐热抗氧化性；渗硫可提高减摩性；渗硅可提高耐酸性等。

最常用的化学热处理方法有渗碳、渗氮和碳氮共渗及氮碳共渗。

1. 渗碳

渗碳是指将钢件在渗碳介质中加热并保温使碳原子渗入表层的化学热处理工艺。其目的是使低碳（w_C=0.10%～0.25%）钢件成为表面为高碳（w_C=1.0%～1.2%），再经适当的热处理（淬火＋低温回火）后获得表面高硬度、高耐磨性，而心部仍保持一定强度及较高的塑性、韧性的钢件。

渗碳处理适用于同时受磨损和较大冲击载荷的低碳、低合金钢零件，如齿轮、活塞销、套筒等。

常见的渗碳方法有气体渗碳和固体渗碳两种。

(1) 气体渗碳。将工件装在密封的渗碳炉中，向炉内滴入易于热分解和气化的液体（如煤油、甲醇等），或直接通入渗碳气体（如煤气、石油液化气等），当炉内加热达到900～950℃（常用930℃）时，上述液体或气体在高温下分解形成渗碳气氛（即由CO、CO_2、H_2、CH_4等气体组成的渗碳气氛），渗碳气氛在钢件表面进行下列反应，生成活性碳原子，如图7-32所示。

$$2CO \longrightarrow [C]+CO_2$$

$$CH_4 \longrightarrow [C]+2H_2$$

$$CO+H_2 \longrightarrow [C]+H_2O$$

随后活性碳原子被钢件表面吸收而溶入奥氏体中，并向内部扩散而形成一定深度的渗碳层。

气体渗碳的优点是生产率高，劳动条件好，渗碳过程容易控制，容易实现机械化、自动化，适用于大批量生产。

(2) 固体渗碳。将钢件和固体渗碳剂装入密封箱中，将密封渗碳箱放入炉中加热至900～950℃，进行保温，如图7-33所示。固体渗碳剂的组成为碳粉和碳酸盐（$BaCO_3$或Na_2CO_3）的混合物，在渗碳温度下（900～950℃）形成不稳定的CO，CO与钢件表面接触发生分解，生成活性碳原子［C］，被钢件吸收，并逐渐向内部扩散形成渗碳层。

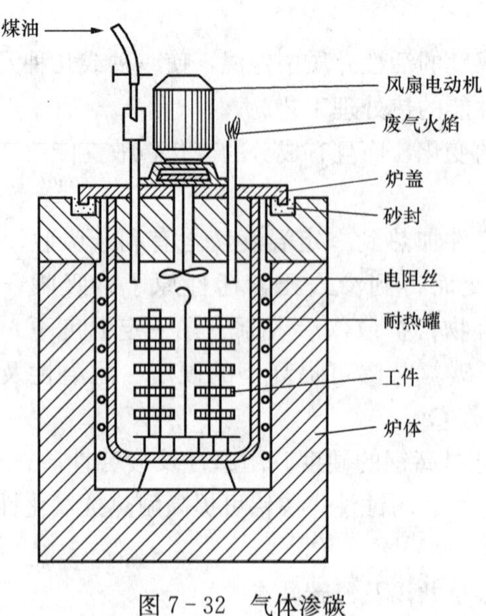

图 7-32 气体渗碳

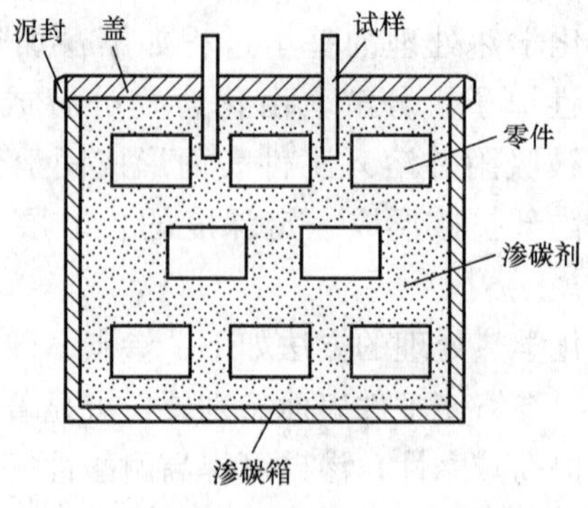

图 7-33 固体渗碳

固体渗碳设备简单、成本低，但劳动条件差，质量不易控制，生产率低，主要用于单件、小批量生产。

(3) 渗碳后的组织和热处理。工件渗碳后必须进行热处理，常用的热处理方法是淬火+低温回火。渗碳后可直接淬火，但由于渗碳温度高，奥氏体晶粒长大，淬火后马氏体较粗，残余奥氏体也较多，所以耐磨性较低，变形较大。为了减少淬火时的变形，渗碳后常将工件预冷到830～850℃后淬火。渗碳、淬火后应进行低温（150～200℃）回火，以消除淬火应力和提高韧性。

钢渗碳淬火+低温回火后表面硬度可高达58～64HRC，耐磨性较好；心部韧性较好，硬度较低，可达30～45HRC。此外由于表层体积膨胀大，心部体积膨胀小，结果在表层中造成压应力，使零件的疲劳强度提高。

2. 渗氮

渗氮是指在一定温度下（一般在 A_{c1} 以下）使活性氮原子渗入工件表面的化学热处理工艺。生产上常用的渗氮方法有气体渗氮、液体渗氮、离子渗氮等，其中，气体渗氮应用比较广泛。

(1) 气体渗氮。气体渗氮通常是在井式电阻炉内进行。将工件置于渗氮罐中放入井式电阻炉内加热，不断向罐中通入渗氮气体——氨气（NH_3），在550～570℃时进行保温。氨气在加热和保温过程中分解产生活性氮原子，活性氮原子被钢件表面吸附，通过扩散形成一定程度的渗氮层。一般渗氮层深度为0.40～0.60mm，渗氮时间为40～70h。

工件经渗氮后其表面形成极硬的合金氮化物，如CrN、MoN、AlN等，硬度可达1000～1200HV，且渗氮层具有较高的热硬性。由于渗氮层体积膨胀，造成工件表面残存压应力，使疲劳强度提高。渗氮层的致密性和化学稳定性很高，因此渗氮工件具有良好的耐腐蚀性。同时，由于渗氮温度低，渗氮后不在进行其他热处理，所以工件变形小。

渗氮用钢一般采用碳的质量分数为0.15%～0.45%的合金结构钢，其中主要合金元素为铝、钼、铬、钒等，38CrMoAlA是典型的渗氮钢。为了提高渗氮件心部的综合力学性能，渗氮前一般要进行调质处理。

渗氮主要用于要求耐磨和精度要求较高的零件，如精密齿轮、磨床主轴、高速柴油机的曲轴、阀门等。

(2) 离子渗氮。在低于一个大气压的渗氮气氛中，利用工件（阴极）和阳极之间产生的辉光放电进行渗氮的工艺称为离子渗氮。

其工艺过程：在真空度 $10^{-2}\sim10^{-1}$ Torr（1Torr＝1mmHg＝133.3Pa）的离子渗氮炉中，通入 NH_3，工件“－”，炉壁“＋”，400～750V，氨气被电离成氮和氢的正离子和电子，阴极工件表面形成一层紫色辉光，高能量氮离子高速轰击工件表面，动能 γ 热能，工件表面温度升到450～650℃；同时，氮离子在阴极上夺取电子后，还原成氮原子渗入工件表面，形成渗氮层。另外，氮离子轰击工件表面时，还能产生阴极溅射效应而溅射出铁离子，铁离子形成氮化铁（FeN）附着在工件表面，并依次分解为 Fe_2N、Fe_3N、Fe_4N 放出氮原子向工件内部扩散，形成渗氮层。

工艺特点：速度快、周期短，38CrMoAlA要达到0.53～0.7mm的渗氮层，渗氮时间15～20h（气体渗氮法50h）；质量高，由于阴极溅射有抑制生成脆性层的作用，所以能明显提高渗氮层的韧性和疲劳性质；工件变形小，阴极溅射效应使工件尺寸略有减小，可抵消氮化物形成而引起的尺寸增大，适用于处理精密零件和复杂零件，如38CrMoAlA钢制成的长900～1000mm、外径27mm的螺杆，渗氮后其弯曲变形小于5μm；对材料的适应性强，渗氮用钢、碳钢、合金钢和铸铁都能进行离子渗氮，但专用渗氮钢（如38CrMoAlA）效果最佳；但投资高，温度分布不均，测温困难，操作要求严格。

3. 气体碳氮共渗

在气体介质中将碳和氮同时渗入工件表层，并以渗碳为主的化学热处理工艺，称为气体碳氮共渗。提高工件表面硬度、耐磨性和疲劳强度。常用于处理汽车、机床的各种齿轮、蜗轮、蜗杆和轴类零件（20CrMnTi）。

4. 气体氮碳共渗（气体软氮化）

在气体介质中对工件同时渗入氮和碳，并以渗氮为主的化学热处理工艺，称为气体氮碳共渗。目前，氮碳共渗已广泛应用于模具、量具、高速钢刀具、曲轴、齿轮、汽缸套等耐磨件的处理，但由于表层碳氮化合物层太薄，仅有0.01～0.02mm，不宜用于重载条件下。

第七节　热处理工艺设计

热处理是改善机械零件和工具使用性能的主要方法之一。在机械制造过程中，大多数机械零件和工具都要进行热处理。

热处理工艺设计包括热处理零件的结构设计、热处理工序位置设计、热处理技术条件设计。

一、热处理零件的结构设计

在设计需要进行淬火热处理零件的结构形状时，应考虑零件的结构形状与热处理工艺性的关系，以避免或减少变形与开裂的发生，淬火件结构设计应遵循的一般原则见表7－5。

表 7－5 淬火件结构设计应遵循的一般原则

序号	内　容
1	避免尖角、棱角，以防淬火时应力集中而开裂 不合理　合理　不合理　合理　不合理　合理
2	合理安排孔的位置或开设工艺孔，避免厚薄悬殊的截面形状，以防因冷却不均匀而引起变形 工艺孔　不合理　合理　不合理　合理　不合理　合理　d　$<1.5d$　不合理　d　$>1.5d$　合理
3	尽量采用对称、封闭结构，以减小变形，使变形有规律性 工作面　不合理　非工作面　合理　不合理　合理　不合理　合理
4	采用组合结构或镶拼结构，避免淬火变形 不合理　槽口　淬火回火后切开　合理　不合理　合理(镶拼结构)　不合理　合理(镶拼结构)

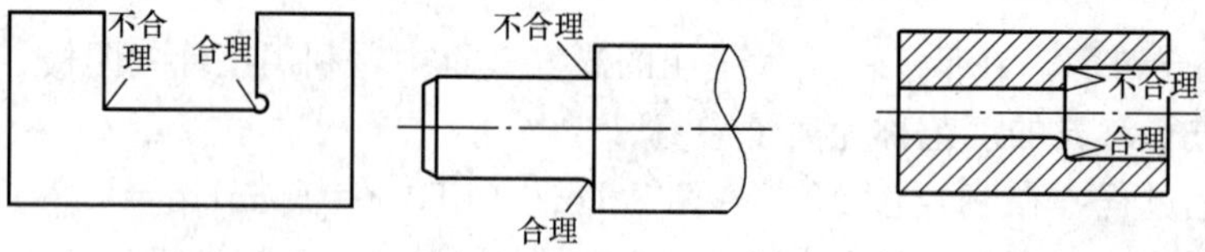

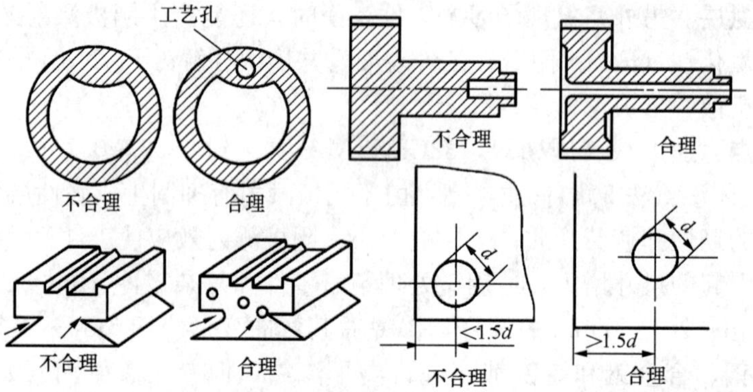

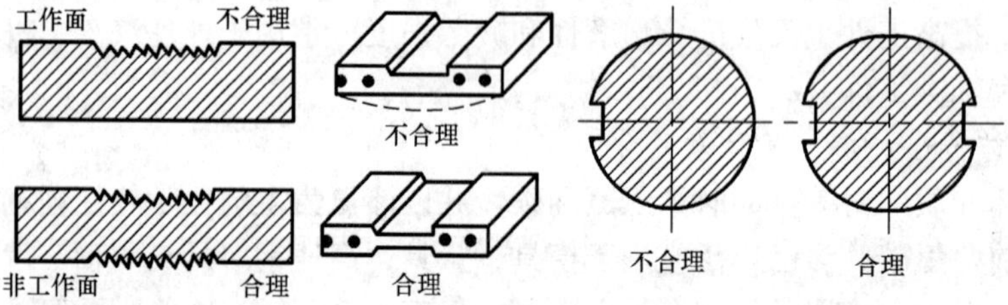

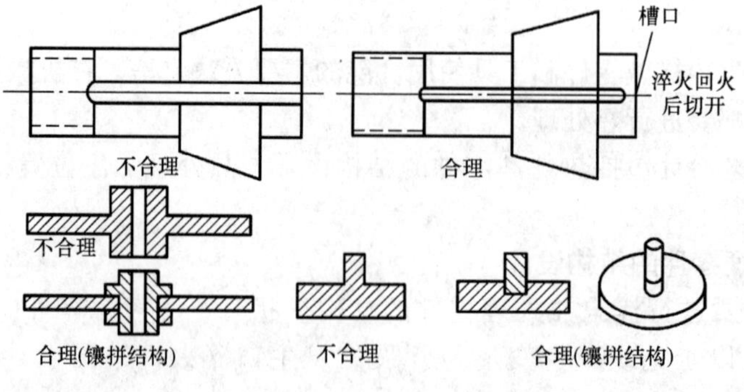

二、热处理工序位置设计

1. 热处理工序位置分类

根据热处理的目的和工序位置的不同，可将其分为预先热处理和最终热处理两大类。

2. 热处理工序位置设计的一般原则

(1) 预先热处理的工序位置。预先热处理的工序位置在毛坯生产之后，切削加工之前；或粗加工之后，精加工之前。

(2) 最终热处理的工序位置。最终热处理的工序位置在半精加工之后，磨削加工（精加工）之前。

3. 确定热处理工序位置实例

(1) 普通车床主轴。普通车床主轴承受中等循环载荷，轴颈处要求耐磨。一般选用中碳结构钢（如45钢）制造。热处理技术条件为：整体调质处理，硬度220～250HBS；轴颈及锥孔表面淬火，硬度50～52HRC。

1) 普通车床主轴制造工艺过程：下料→锻造→正火→机加工（粗）→调质→机加工（半精）→高频表面淬火＋低温回火→磨削（精）。

2) 普通车床主轴各热处理工艺的作用。

正火（预先热处理）：消除内应力，细化晶粒，改善切削。

调质（预先热处理）：获得良好的综合力学性能，为表面淬火做准备。

表面淬火＋低温回火（最终热处理）：获得硬而耐磨的表层。

(2) 车床变速箱传动齿轮。普通车床变速箱的传动齿轮是传递转矩和调节速度的重要零件，工作中承受一定程度的弯曲、扭转载荷及周期性冲击力的作用，齿轮表面承受一定程度的磨损，运转较平稳，速度中等。一般选用45钢或40Cr钢制造，其热处理技术条件是：5151，230～280HBS；齿表面5212，50～54HRC。

1) 车床变速箱传动齿轮制造的工艺过程：下料→锻造→正火→粗加工→调质→精加工→高频感应加热表面淬火＋低温回火→精磨。

2) 车床变速箱传动齿轮各热处理工艺的作用。

正火（预先热处理）：消除内应力，细化晶粒，改善切削。

调质（预先热处理）：获得良好的综合力学性能，为表面淬火做准备。

高频感应加热表面淬火＋低温回火（最终热处理）：获得硬而耐磨的表层。

(3) 模具。冲击硅钢片的模具形状复杂，工作时承受一定的冲击载荷，因此，要求模具具有高强度、高硬度、一定的韧性及较小的变形。一般选用Cr12MoV钢制造，其热处理技术条件是：5141，58～62HRC。

1) 模具制造的工艺过程：下料→锻造→球化退火→粗加工→去应力退火→精加工→淬火＋低温回火→磨削及电火花加工成形。

2) 模具各热处理工艺的作用。

球化退火（预先热处理）：降低硬度、改善切削加工性能。

去应力退火（预先热处理）：消除机械加工过程中产生的残余应力，减小变形。

淬火＋低温回火（最终热处理）：获得高强度、高硬度和高耐磨性，减小变形。

三、热处理技术条件设计

1. 内容

热处理技术条件设计的内容包括热处理的方法及热处理应达到的力学性能。

(1) 一般零件需标出硬度值。

(2) 重要的零件还应标出强度、塑性、韧性指标或金相组织要求。

(3) 对化学热处理件，还应标出渗层部位和渗层深度要求。

2. 标注方法

(1) 用文字在图样标题栏上方作扼要说明。

(2) 用工艺代号并标出应达到的力学性能指标及其他要求。

热处理工艺代号标记规定如下：

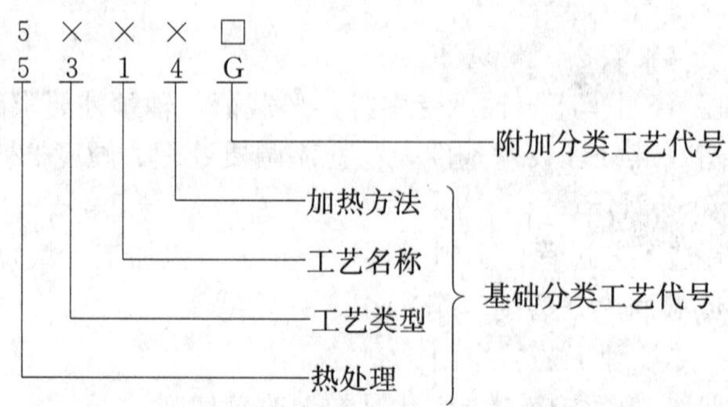

热处理技术条件标注示例如图 7-34 所示。

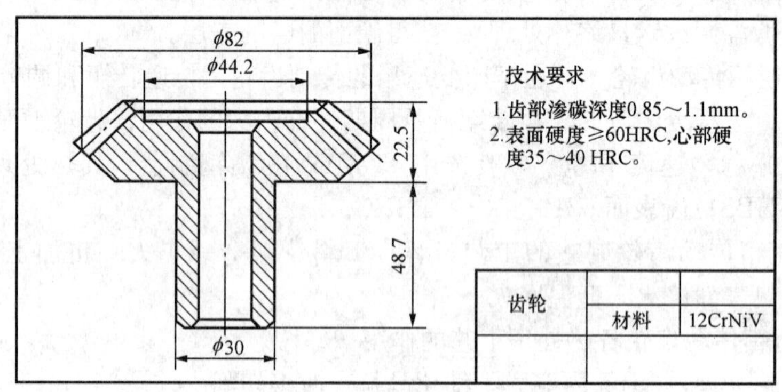

图 7-34 热处理技术条件标注示例

第八节 碳钢的热处理实验

一、实验目的

(1) 了解碳钢的整体热处理（退火、正火、淬火及回火）工艺方法。

(2) 掌握金相试样的制备方法，金相显微组织的观察方法，硬度的测量方法。

(3) 探讨加热温度、冷却速度、回火温度等主要因素对 45 钢、T8 钢、T12 钢的组织和性能的影响。

(4) 巩固课堂教学所学相关知识，体会材料的成分、工艺、组织性能之间的关系。

二、实验设备及材料

(1) 金相显微镜、箱式电炉、淬火水槽、钳子、洛氏硬度机、布氏硬度机、砂轮机、抛光机、金相砂纸、研磨机。

(2) 金相试样若干（45 钢、T8 钢、T12 钢等）。

(3) 腐蚀剂、酒精。

三、实验内容

整体热处理。

四、实验方案

在教师指导下，根据所学过的相关知识及实验要求，选择热处理方法及热处理工艺规范，即确定实验方案。

五、实验步骤

(1) 根据实验方案，在教师指导下对所给材料进行实际热处理操作。

(2) 用砂纸磨去经热处理后的材料两端面氧化皮，测定热处理后试样的硬度（炉冷试样测 HBS，其余试样测 HRC）。

(3) 在教师指导下，将热处理后试样制成金相试样。

(4) 观察金相试样的显微组织。

六、实验过程的要求

(1) 在教师指导下，完成热处理每个工艺过程。

(2) 整个实验过程由实验小组所有同学共同协作完成，但每个实验过程必须在教师指导下进行。

七、填写实验报告

(1) 退火与正火实验报告见表 7-6。

表 7-6 退火与正火实验报告

实验材料	试样编号	热处理工艺参数				硬度值 HRC 或 HB				金相显微组织
		加热温度（℃）	保温时间（min）	冷却方法	热处理工艺名称	第 1 次	第 2 次	第 3 次	平均值	

(2) 淬火实验报告见表 7-7。

表 7-7 淬火实验报告

组别	淬火加热温度（℃）及保温时间（min）	冷却方式	45 钢	
			处理前硬度	处理后硬度
1				
2				
3				
4				

(3) 回火实验报告见表 7-8。

表7-8 回火实验报告

组别	淬火组织	回火类型	45钢	
			处理前硬度	处理后硬度

习题

7-1 什么是热处理？热处理的作用是什么？热处理如何分类？

7-2 如何确定热处理的加热温度才能改变钢的组织？

7-3 什么是过冷奥氏体？过冷奥氏体等温转变产物有哪些？其性能如何？

7-4 什么是临界冷却速度？

7-5 退火热处理的目的是什么？退火热处理有哪几类？

7-6 什么是淬火？淬火的目的是什么？

7-7 什么是回火？回火的目的是什么？回火的组织与退火、正火的组织在性能上有何区别？

7-8 什么是正火？正火的应用范围有哪几方面？

第八章 碳 素 钢

在 $Fe-Fe_3C$ 相图中碳的质量分数为 0.02%～2.11%的铁碳合金属于非合金钢，称为碳素钢。价格低廉、工艺性好，具有一定的使用性能，能满足许多场合的需要，在机械制造及其他一些工程中得到广泛使用。

第一节 常存杂质对钢性能的影响

钢在冶炼过程中不可避免地存有杂质。杂质是对一些不作为合金元素的各种元素的统称。对钢性能影响较大的杂质有 Mn、Si、S、P、O、N、H 等。其中，前四种称为常存杂质，是生产中需要经常检查的杂质。

一、锰的影响

对于碳素钢，锰属于杂质，锰是炼钢时用锰铁给钢液脱氧后而残余在钢中的元素。锰有较强的脱氧能力，清除 FeO 可改善钢的品质，降低钢的脆性。锰还可以与钢中有害杂质碳形成 MnS，降低 S 对钢的危害，提高热变形加工的工艺性。锰大部分溶于 F，形成含锰的铁素体，使钢强化，也能部分溶于渗碳体，但是锰的质量分数过高会使晶粒粗大。

总而言之，锰对钢是有益的。在一般碳素钢中将锰的含量控制在 0.25%～0.8%范围内。对于某些碳素钢，为提高其性能，将杂质锰的含量控制在 0.7%～1.2%，称为锰的质量分数较高的碳素钢。

二、硅的影响

硅主要来自原料生铁和硅铁脱氧剂。硅比锰的脱氧能力强，可使钢液中 FeO 变成炉渣脱离钢液，提高钢的品质。硅能溶于铁素体，提高钢的强度和硬度，但会降低钢的塑性和韧性。

硅能够使 Fe_3C 稳定性下降，促进 Fe_3C 分解生成石墨。若钢中出现石墨会使钢的韧性严重下降，产生所谓的"黑脆"。所以，碳素钢中一般将杂质硅的含量控制在 0.17%～0.37%范围内。

三、硫的影响

杂质硫主要来源于矿石和燃料。硫几乎不溶于铁，而与铁形成 FeS 化合物作为夹杂物存留钢中。FeS 熔点为 1190℃。而 FeS 能与 Fe 形成共晶体，其熔点仅是 985℃，由于 F+FeS 共晶体的熔点低于钢的热变形加工温度（1000～1200℃），易使钢在热变形加工中开裂，使钢的"热脆"性增加。除特殊需要（如提高切削工艺性）外，钢中的 S 含量不大于 0.05%。

前面已介绍，锰的存在可使硫形成 MnS，它的熔点高达 1620℃，从而可消除由于 S 而引起钢的热脆性。MnS 在铸态钢中是呈粒状分布于铁素体晶粒内或晶界上的。由于 MnS 具有一定的塑性，在轧制时被轧成条状，但是若含量较大，会使轧钢中的 F 和 P 呈带状分布，这种带状组织会令热轧也出现各向异性。用有带状组织的钢材加工成的零件虽然切削工艺很好，但是若进行淬火处理易引起工件开裂。

因此，钢中的硫含量越少，钢的品质越好。硫的含量常被用做衡量钢材质量等级的指标之一。

四、磷的影响

磷主要是矿石带到钢中的。磷可以固溶到铁素体中提高钢在室温时的强度。但是，磷也易与铁形成极脆的化合物 Fe_3P，使钢的塑性和韧性显著下降。并且随着钢所处的温度越低，脆性越严重，磷会引起钢的“冷脆”。另外，磷也会降低钢的可焊性。磷有益的一面是能增加钢耐大气腐蚀的能力，也能提高钢的切削工艺性。但是，若无特殊需要，钢中的磷含量最多不超过 0.045%。磷也是衡量钢材质量的指标之一。

五、氧的影响

钢液中免不了和大气接触，并且在炼钢工艺中的氧化过程也会降低钢中的碳含量，因此，钢中总会有一定的氧。为此，在熔炼的后期应加脱氧剂造渣除氧，主要脱氧剂有锰铁、硅铁、铝等。除氧后，钢中仍会有一些氧的化合物以夹杂形式存在于钢中，也有极少量氧固溶到 Fe 中。主要氧化物有 Fe_3O_4、FeO、MnO、Mn_3O_4、SiO_2、Al_2O_3 等。

钢中氧化物及其他化合物夹杂的存在会降低钢中的力学性能，尤其是会严重降低钢的疲劳强度。因此，钢的品质检测中规定了夹杂物的控制级别，一般小于 3 级。杂质氧对钢无益，越少越好。

六、氮的影响

氮杂质主要来源于钢液与大气的接触。氮在铁素体中的最大溶解度为 0.1%（590℃）。室温下溶解度极小，接近于零。若钢由高温快冷到室温时，氮使铁素体处于过饱和状态。如果在 200～250℃加热，氮会以氮化物形式析出，可增加钢的强度、硬度，但是也降低钢的塑性和韧性，使钢变脆。因为 200～250℃加热会使钢表面氧化成蓝色，所以称为“蓝脆”。

七、氢的影响

氢杂质也主要来自大气。钢中含有少量的氢就会使钢的脆性显著增加，此现象称为“氢脆”。另外，当钢进行热轧或锻造时，若工艺不当，氢杂质可能引起“白点”缺陷。白点会使钢的力学性能严重降低，甚至引起钢材开裂报废。对于含铬、钼的合金钢更易产生“白点”。

为了保证钢在使用中不出问题，钢材生产厂都严格按国家标准控制杂质含量和夹杂物的等级。用户也需对进厂钢材进行必要的化学成分及杂质的化学分析，对组织和缺陷及夹杂物做金相检查，对力学性能做材料力学实验。

第二节 碳素钢的分类、钢号和主要用途

碳素钢有很多种类，为了生产、使用和管理必须对碳素钢进行分类并确定钢的牌号。

一、碳素钢的分类

碳素钢的分类方法很多，常见的有以下几种。

1. 按钢中的碳含量分

(1) 低碳钢，$w_C \leqslant 0.25\%$。

(2) 中碳钢，$0.25\%<w_C\leqslant0.6\%$。

(3) 高碳钢，$w_C>0.6\%$。

2. 按钢的质量分

(1) 普通钢，$w_S\leqslant0.05\%$，$w_P\leqslant0.045\%$。

(2) 优质钢，$w_S\leqslant0.035\%$，$w_P\leqslant0.035\%$。

(3) 高级优质钢，$w_S\leqslant0.02\%$，$w_P\leqslant0.03\%$。

3. 按钢的用途分

(1) 碳素结构钢（GB/T 700—2006）。

(2) 优质碳素结构钢（GB/T 699—1999）。

(3) 碳素工具钢（GB/T 1298—2008）。

(4) 一般工程用铸造碳素钢（GB/T 11352—2009）。

4. 按炼钢时的脱氧程度分

(1) 沸腾钢：是脱氧不彻底的钢，代号为 F。

(2) 镇静钢：是脱氧彻底的钢，代号为 Z。

(3) 半镇静钢：是脱氧程度介于沸腾钢和镇静钢之间的钢，代号为 b。

(4) 特殊镇静钢：进行脱氧的钢，代号为 TZ。

二、碳素钢的钢号、命名方法及主要用途

1. 碳素结构钢

碳素结构钢主要用于各类工程，应用量很大，通常是热轧后空冷供货，用户一般不需要再进行热处理，可直接使用。所以，这类钢的钢号主要是以其力学性能中的屈服点来命名。具体命名方法为标志符号 Q+最小 σ_s 值—等级符号+脱氧程度符号。

碳素结构钢的标志符号 Q 来源于屈服点的汉语拼音字头 Q。等级符号是指这类钢所独用的质量等级符号，也是按 S、P 杂质多少来分的，以 A、B、C、D 四个符号代表四个等级。其中，A 级，$w_S\leqslant0.05\%$，$w_P\leqslant0.045\%$；B 级，$w_S\leqslant0.045\%$，$w_P\leqslant0.045\%$；C 级，$w_S\leqslant0.04\%$，$w_P\leqslant0.04\%$；D 级，$w_S\leqslant0.035\%$，$w_P\leqslant0.035\%$。

碳素结构钢中质量等级最高级（D 级）为碳素结构钢的优质级。其余 A、B、C 三个等级均属于普通级范围。从这类钢的钢号中，人们可以直接知道钢的最低屈服点、质量等级和脱氧程度，使用起来很方便。例如，Q235 - AF 是 $\sigma_s\geqslant235$MPa、质量等级为 A 级（S、P 杂质含量较多）、脱氧不充分的沸腾钢。碳素结构钢共分五个强度等级，见表 8 - 1。这类钢适用于一般工程结构所需的热轧钢板、钢带、钢管、盘条、型钢、棒钢等，可供焊接、铆接、栓接等构件使用。

表 8 - 1　碳素结构钢牌号及化学成分（摘自 GB/T 700—2006）

牌号	等级	化学成分					脱氧方法
		$w_C\times100$	$w_{Mn}\times100$	$w_{Si}\times100$	$w_S\times100$	$w_P\times100$	
				不大于			
Q195		0.06～0.12	0.25～0.50	0.30	0.050	0.045	F、b、Z
Q215	A	0.09～0.15	0.25～0.55	0.30	0.050	0.045	F、b、Z
	B				0.045		

续表

牌号	等级	化学成分					脱氧方法
		$w_C\times100$	$w_{Mn}\times100$	$w_{Si}\times100$	$w_S\times100$	$w_P\times100$	
				不大于			
Q235	A	0.14～0.22	0.30～0.65	0.30	0.050	0.045	F、b、Z
	B	0.12～0.20	0.30～0.70		0.045		
	C	≤0.18	0.35～0.70		0.040	0.040	Z
	D	≤0.17			0.030	0.035	TZ
Q255	A	0.18～0.28	0.40～0.70	0.30	0.050	0.045	Z
	B				0.045		
Q275		0.28～0.38	0.50～0.80	0.35	0.050	0.045	Z

碳素结构钢中Q195、Q215－A、Q215－B碳的含量较低，塑性好，强度低，一般用于螺钉、螺母、垫片、钢窗等强度要求不高的工件；Q235－A、Q255－A可用于农机具中不太重要的工件，如拉杆、小轴、链等，也可常用建筑钢筋、钢板、型钢等；Q235－B、Q255－B可作建筑工程中质量要求较高的焊接构件，在机械中可用做一般的转动轴、吊钩、自行车架等；Q235－C、Q235－D质量较好，可作较重要的焊接构件及机件；Q255、Q275强度较高，可作摩擦离合器、刹车钢带等。

2. 优质碳素结构钢

优质碳素结构钢中磷、硫等有害杂质含量较低，夹杂物也少，化学成分控制较严格，质量较好。常用于较为重要的机件。可以通过各种热处理调整零件的力学性能。出厂状态可以是热轧后空冷，也可以是退火、正火等状态，随用户需要而定。优质碳素结构钢的钢号很简单，如45表示该钢的$w_C=0.45\%$，即碳的质量分数为万分之四十五。这类钢中有三个钢号是沸腾钢，其钢号尾部标有F，如08F。优质碳素结构钢中有些是锰的质量分数超出一般规定的锰杂质含量，其钢号尾部标有元素符号Mn，如65Mn。这类钢仍属于优质碳素结构钢，不要误认为是合金钢。

优质碳素结构钢共有31个钢号，包含低碳钢、中碳钢和高碳钢，见表8－2。随着钢中碳的质量分数不同，具有不同的力学性能，可用来制造各种机械零件。

表8－2　　优质碳素结构钢（GB/T 699—1999）

牌号	推荐处理			试件毛坯尺寸 (mm)	机械性能					钢材交货状态硬度HB		应用举例
					抗拉强度 σ_b (MPa)	屈服强度 σ_s (MPa)	延伸率 δ_s (%)	收缩率 φ (%)	冲击功 A_k (J)	不小于		
	正火	淬火	回火		不大于					未热处理	退火钢	
08F	930			25	295	175	35	60		131		用于面塑性好的零件，如管子、垫片、垫圈；心部强度要求不高的渗碳和氰化零件，如套筒、短轴、挡块、支架、靠模、离合器盘

续表

牌号	推荐处理			试件毛坯尺寸(mm)	机械性能					钢材交货状态硬度HB		应用举例
	正火	淬火	回火		抗拉强度 σ_b (MPa)	屈服强度 σ_s (MPa)	延伸率 δ_s (%)	收缩率 φ (%)	冲击功 A_k (J)	不小于		
					不大于					未热处理	退火钢	
10	930			25	335	205	31	55		137		用于制造拉杆、卡头、钢管垫片、垫圈、铆钉。这种钢无回火脆性，焊接性好，用来制造焊接零件
15	920			25	375	225	27	55		143		用于受力不大韧性要求较高的零件、渗碳零件、紧固件、冲模件及不需要热处理的低负荷零件，如螺栓、螺钉、法兰盘及化工容器、蒸汽锅炉
20	910			25	410	245	25	55		156		用于不经受很大应力而要求很大韧性的机械零件，如杠杆、轴套、螺钉、起重钩等。也用于制造压力＜1MPa、温度＜450℃、在非腐蚀介质中使用的零件，如管子、导管等。还可用于表面硬度高而心部强度要求不大的渗碳与氰化零件
25	900	870	600	25	450	275	23	50	71	170		用于制造焊接设备，以及经锻造、热冲压和机械加工的不承受高应力的零件，如轴、辊子、联接器、垫圈、螺栓、螺钉及螺母
35	870	850	600	25	530	315	20	45	55	197		用于制造曲轴、转轴、轴销、杠杆、连杆、横梁、链轮、圆盘、套筒钩环、垫圈、螺钉、螺母。这种钢多在正火和调质状态下使用，一般不做焊接
40	860	840	600	25	570	335	19	45	47	217	187	用于制造辊子、轴、曲柄销、活塞杆、圆盘
45	850	840	600	25	600	355	16	40	39	229	197	用于制造齿轮、齿条、链轮、轴、键、销、蒸汽透平机的叶轮、压缩机及泵的零件、轧辊等。可代替渗碳钢铸齿轮、轴、活塞销等，但要经高频或火焰表面淬火

续表

牌号	推荐处理			试件毛坯尺寸(mm)	机械性能					钢材交货状态硬度 HB		应用举例
					抗拉强度 σ_b (MPa)	屈服强度 σ_s (MPa)	延伸率 δ_s (%)	收缩率 φ (%)	冲击功 A_k (J)	不小于		
	正火	淬火	回火		不大于					未热处理	退火钢	
50	830	830	600	25	630	375	14	40	31	241	207	用于制造齿轮、拉杆、轧辊、轴、圆盘
55	820	820	600	25	645	380	13	35		255	217	用于制造齿轮、连杆、轮圈、轮缘、扁弹簧、轧辊等
60	810			25	675	400	12	35		255	229	用于制造轧辊、轴、轮箍、弹簧圈、弹簧、弹簧垫圈、离合器、凸轮、钢绳等
20Mn	910			25	450	275	24	50		197		用于制造凸轮轴、齿轮、联轴器、铰链、拖杆等
30Mn	880	860	600	25	540	315	20	45	63	217	187	用于制造螺栓、螺母、螺钉、杠杆、刹车踏板等
40Mn	860	840	600	25	590	355	17	45	47	229	207	用于制造随疲劳负荷的零件，如轴、万向联轴器、曲轴、连杆及在高应力下工作的螺栓、螺母等
50Mn	830	830	600	25	645	390	13	40	31	255	217	用于制造耐磨性要求很高、在高负荷作用下的热处理零件，如齿轮、齿轮轴、摩擦盘、凸轮、截面积在 80mm² 以下的心轴等
60Mn	810			25	695	410	11	35		269	229	适于制造弹簧、弹簧垫圈、弹簧环和片、冷拔钢丝（≤7mm）和发条

例如，08F 钢碳的质量分数低，塑性好，强度低，可用于各种冷变形加工成形件。10～25 等低碳钢焊接性和冷冲压工艺性好，可用来制造各种标准件、轴套、容器等；也可通过适当热处理（渗碳、淬火、回火）制成表面高硬度、心部有较高韧度和强度的耐磨损耐冲击的零件，如齿轮、凸轮、销轴摩擦片、水泥钉等。45 钢等中碳钢通过适当热处理（调质、表面淬火等）可获得良好的综合力学性能，可用于制造表面耐磨、心部韧性好的零件，如传动轴、发动机连杆、机床齿轮等。

高碳碳素结构钢经适当热处理后可获得高的 σ_e 和屈强比，以及足够的韧性和耐磨性。可用于制造小线径的弹簧、重钢轨、轧辊、铁锹、钢丝绳等。

3. 碳素工具钢

这类钢是碳的质量分数在 0.65%～1.35% 的碳素钢。主要用于制造各种小型工具。可进行淬火、低温回火处理获得高硬度、高耐磨性。分为优质级（$w_S \leqslant 0.03\%$，$w_P \leqslant$

0.035%）和高级优质级（w_S≤0.02%，w_P≤0.03%）两大类。碳素工具钢牌号、成分及用途见表 8 - 3。

表 8 - 3　　碳素工具钢牌号、成分及用途（摘自 GB/T 699—1999）

牌号	化学成分			退火状态 HRC 不小于	试样淬火 HRC 不小于	用途举例
	w_C×100	w_{Si}×100	w_{Mo}×100			
T7 T7A	0.65～0.74	≤0.35	≤0.40	187	800～820℃水 62	承受冲击，韧性较好、硬度适当的工具，如扁铲、手钳
T8 T8A	0.75～0.84	≤0.35	≤0.40	187	780～820℃水 62	承受冲击，要求较高硬度的工具，如冲头、木工工具
T8Mn T8MnA	0.80～0.90	≤0.35	0.40～0.60	187	780～800℃水 62	同上，但淬透性较大的工具
T9 T9A	0.85～0.94	≤0.35	≤0.40	192	760～780℃水 62	韧性中等，硬度高的工具
T10 T10A	0.95～1.04	≤0.35	≤0.40	197	760～780℃水 62	不受剧烈冲击，高硬度耐磨的工具
T11 T11A	1.05～1.14	≤0.35	≤0.40	207	760～780℃水 62	不受剧烈冲击，高硬度耐磨的工具
T12 T12A	1.15～1.24	≤0.35	≤0.40	207	760～780℃水 62	不受冲击，要求高硬度高耐磨的工具
T13 T13A	1.25～1.35	≤0.35	≤0.40	217	760～780℃水 62	同上，要求高耐磨的工具

这类钢号命名的方法是：标志符号 T 加上碳的质量分数的千分值。例如 T10，T 是碳字的汉语拼音字头；10 表示 w_C=1.0%，即碳的质量分数千分之十。对于高级优质的碳素工具钢须在钢号尾部加“A”，如 T10A。优质级的不加质量等级符号。这类钢锰的质量分数都严格控制在 0.4%以下。个别钢为了提高其淬透性，锰的质量分数的上限扩大到 0.6%，这时，该钢号尾部要标出元素符号 Mn，如 T8Mn，以有别于 T8。

4. 一般工程用铸造碳素钢

在工业生产中会遇到一些形状复杂的零件，不便锻压制成毛坯用锻压制成毛坯。而铸铁又保证了塑性的要求，这时可采用铸钢件。这类钢国家标准规定了五个钢号，见表 8 - 4。其命名方法是：标志符 ZG+最低 σ_s 值-最低 σ_b 值。例如，ZG340 - 640。其中，ZG 是“铸钢”的汉语拼音字头；340 是指该钢的屈服强度（$\sigma_{0.2}$）不小于 340MPa；640 是指该钢的抗拉强度（σ_b）不低于 640MPa。铸钢的铸造工艺性差，易出现浇不到、缩孔严重、晶粒粗大等缺陷。

表 8 - 4　　铸造碳素工具钢牌号（摘自 GB/T 11352—2009）

牌号	用　途	牌号	用　途
ZG200 - 400	用于制作各种机座、变速箱壳等	ZG310 - 570	用于制作辊子、缸体、大齿轮
ZG230 - 450	用于制作轴承盖、各种外壳、阀体等	ZG340 - 640	用于制作齿轮、棘轮、叉头等
ZG270 - 500	用于制作轧钢机架、轴承座等		

为了提高钢液的流动性，浇铸温度很高，但易使铸钢件中出现过热的魏氏组织。所谓魏

氏组织是指在原来粗大的奥氏体晶粒内随温度下降而相变产生的粗大铁素体针，使钢的塑性、韧性变坏。魏氏组织可以通过完全退火得到消除。

习　题

8-1　硫、磷是碳素钢中的什么性质的元素，对钢的性能产生什么影响？

8-2　硫、磷是碳素钢中的什么性质的元素，对钢的性能产生什么影响？

8-3　按碳素钢中碳含量的多少，可以将碳素钢分为几类？

8-4　按碳素钢的用途可将碳素钢分为几类？

8-5　有四个外形完全相同的齿轮，所用材质也都是 $w_C=0.45\%$ 的优质碳素钢。但是制作方法不同，它们分别是：

(1) 直接铸出毛坯，然后切削加工成形。

(2) 从热轧厚钢板上取料，然后切削加工成形。

(3) 从热轧圆钢上取料，然后切削加工成形。

(4) 从热轧圆钢上取料后锻造成毛坯，然后切削加工成形。

请分析，哪个齿轮使用效果应该最好？哪个应该最差？

第九章 合 金 钢

第一节 概 述

合金钢是在碳钢的基础上有目的地加入一些合金元素而得到的钢种。常加入的合金元素有Si、Mn、Cr、Ni、Mo、W、V、Ti、B、Al、Cu、Zr、Nb、RE等。这些合金元素的加入提高了合金钢的淬透性、高温强度、回火稳定性及一些特殊的物理、化学性能，弥补了碳钢的不足。

一、合金钢的分类

合金钢种类繁多，为了便于生产、选用和研究，需要对合金钢进行分类。目前常用的分类方法如下。

1. 按合金元素总含量分类

(1) 低合金钢：钢中的合金元素总含量小于5%。

(2) 中合金钢：钢中的合金元素总含量为5%～10%。

(3) 高合金钢：钢中的合金元素总含量大于10%。

2. 按主要用途分类

(1) 合金结构钢：包括调质钢、渗碳钢、弹簧钢、滚动轴承钢。

(2) 合金工具钢：包括刃具钢、模具钢、量具钢。

(3) 特殊性能钢：包括不锈钢、耐热钢、磁钢、耐磨钢、超高强度钢。

3. 按正火后的金相组织分类

按正火后的金相组织分为珠光体钢、马氏体钢、奥氏体钢、铁素体钢等。

4. 按钢中所含主要合金元素种类分类

按钢中所含主要合金元素种类分为硅锰钢、锰钢、铬钢、铬镍钢、铬镍钼钢等。

二、合金钢的编号

我国合金钢的编号规则是按钢材的含碳量及所含合金元素的种类和数量来制定的。这种编号可从钢号上直接看出钢材化学成分的范围及其质量等级。

1. 合金结构钢的牌号

合金结构钢的编号是用"两位数字+化学元素符号+数字"来表示的。前面的数字表示碳的含量，以万分之几表示。例如45钢，表示平均含碳量为0.45%的碳素结构钢。后面的数字表示合金元素的含量，以平均含量的百分之几表示。当某一元素的上限含量超过1.5%时，则在该元素符号后面注出近似的百分比值；若不超过1.5%，只标明元素，不标注含量。例如35Cr2V，表示平均含碳量0.35%，含铬量为2%，并含有少量钒的合金结构钢。又如09Mn2，则表示平均含碳量0.09%，含锰量为2%左右的合金结构钢。

含硫、磷较少的高级优质钢，在其牌号后面加符号"A"，如60Si2MnA。此外，一些特殊用途钢，如滚珠轴承钢GCr15，在钢号前加一个"G"字，表示为滚珠轴承用钢；15表示Cr的含量是1.5%，以千分之几表示；碳的含量不标出。

2. 合金工具钢的牌号

合金工具钢的编号是用“一位数字+化学元素符号+数字”来表示的。前面的数字表示碳的含量以千分之几表示。如果含碳量超过 1.0%时，则牌号前不加数字。例如 CrWMn，其含碳量为 0.9%~1.05%。

高速钢牌号中含碳量均不表示，但当其他的合金成分相同、仅含碳量不同时，则在含碳量高的牌号前加“C”字。如 W6Mo5Cr4V2 和 CW6Mo5Cr4V2，前者含碳量为 0.8%~0.9%，后者含碳量为 0.95%~1.05%，其余成分相同。

3. 特殊性能钢

特殊性能钢的牌号表示方法与合金工具钢基本相同。只是在特殊性能钢中当碳的平均质量分数小于等于 0.03%或小于等于 0.08%时，在牌号前用“00”或“0”表示碳的质量分数为超低碳或低碳。如 0Cr19Ni9，表示平均含碳量小于等于 0.08%，平均含铬量约为 19%，平均含镍量约为 9%的不锈钢。

上述钢中起重要作用的微量元素，如 Ti、Nb、Zr 等，虽含量较低，一般低于 1%甚至低于 0.01%，但应在钢中标出，且元素符号后不加数字。含量如果大于 1%时，则必须在元素符号后面加上其含量的百分数。

第二节 合金元素在钢中的作用

为了提高钢的力学性能或得到某些特殊性能，在钢的冶炼过程中会有目的地加入一些合金元素。这些合金元素在钢中的作用极为复杂，它们会使钢的组成相、组织等发生变化，同时对钢在热处理时的加热、冷却和组织转变也产生不同程度的影响，从而使钢的性能发生一系列变化。下面仅简述合金元素的几个最基本的作用。

一、合金元素在钢中的存在形式

1. 形成合金铁素体

几乎所有的合金元素都能不同程度地溶入铁素体中，形成合金铁素体。当合金元素溶入铁素体后，必然引起铁素体的晶格畸变，使铁素体的强度、硬度提高，塑性、韧性下降，即产生固溶强化。图 9-1 和图 9-2 所示分别为几种合金元素对铁素体硬度和韧性的影响。由图可知，硅、锰能显著提高铁素体的硬度，当硅含量大于 0.6%、锰含量大于 1.5%时，将

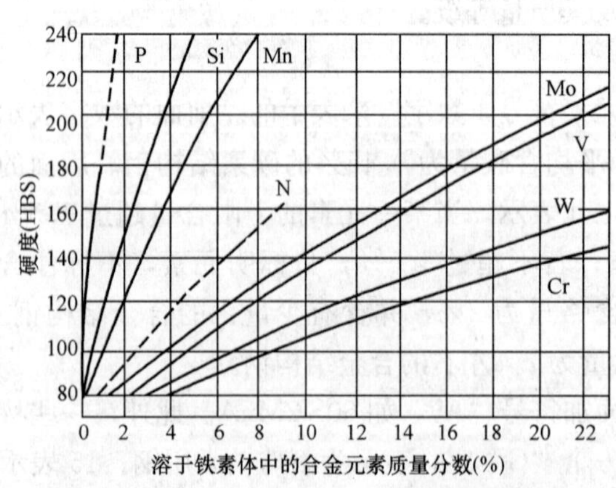

图 9-1 合金元素对铁素体硬度的影响

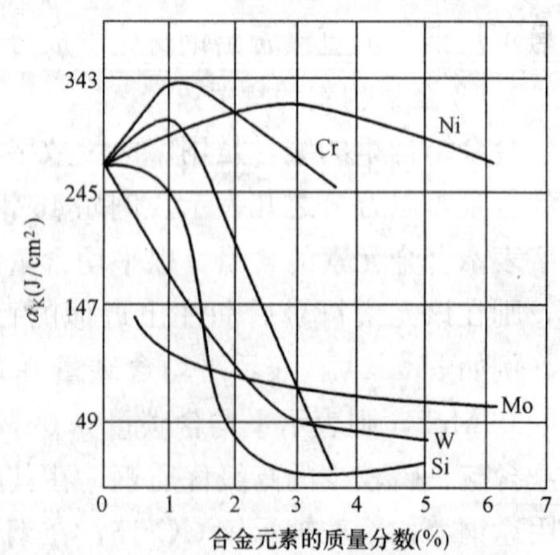

图 9-2 合金元素对铁素体韧性的影响

大大地降低其韧性，而铬和镍比较特殊，在适当的含量范围内（铬含量小于等于2%、镍含量小于等于5%），不但能提高铁素体的硬度，还能提高其韧性。因此，在合金结构钢中，为了获得良好的性能，对铬、镍、硅、锰等合金元素的含量要控制在一定范围内。

2. 形成合金碳化物

合金元素按其在钢中与碳的亲和力的大小，可分为碳化物形成元素和非碳化物形成元素两大类。

常见的非碳化物形成元素有镍、钴、铜、硅、铝、氮、硼等。它们不与碳形成碳化物而固溶于铁的晶格中，或形成其他化合物。

常见的碳化物形成元素有钛、锆、铌、钒、钨、钼、铬、锰、铁等（按照与碳的亲和力由强到弱排列）。通常，钛、锆、铌、钒为强碳化物形成元素；钨、钼、铬为中强碳化物形成元素；锰为弱碳化物形成元素。

合金元素与碳形成的碳化物按结构可分为以下两种。

（1）合金渗碳体。合金渗碳体指合金元素溶入渗碳体（置换其中的铁原子）所形成的化合物。合金渗碳体与Fe_3C的晶体结构相同，如$(Fe、Mn)_3C$、$(Fe、Cr)_3C$等，但比Fe_3C略微稳定，硬度也略高，是一般低合金钢中碳化物的主要存在形式。

（2）特殊碳化物。特殊碳化物指由中强或强碳化物形成元素与碳化合所形成的碳化物。特殊碳化物有两种类型：简单晶格的间隙相碳化物，如WC、VC、TiC等；复杂晶格的碳化物，如$Cr_{23}C_6$、Cr_7C_3、Fe_3W_3C等。

总之，不管是哪种形式的合金碳化物，都会直接影响钢的性能和热处理时的相变。例如，在钢中存在弥散分布的特殊碳化物时，将显著提高钢的强度、硬度与耐磨性而不降低韧性，这对提高工具钢的使用性能极为有利。

二、阻碍奥氏体晶粒长大

除锰外几乎所有的合金元素都有阻碍钢在加热时奥氏体晶粒长大的作用，只是影响程度不同。例如，强碳化合物形成元素钛、锆、铌、钒等容易形成特殊化合物，它们弥散地分布在奥氏体晶界上，由于比较稳定，不易分解溶入奥氏体，从而对奥氏体晶粒长大起机械阻碍作用。

三、提高钢的淬透性

除钴外所有的合金元素溶入奥氏体后，都能降低原子的扩散速度，增加过冷奥氏体的稳定性，减小临界冷却速度，从而提高钢的淬透性。因此，一方面有利于大截面零件的淬透，另一方面可采用较缓和的冷却介质淬火，有利于降低淬火应力，减少变形和开裂倾向。有的钢中提高淬透性的元素含量较高，则其过冷奥氏体非常稳定，甚至在空气中冷却也能形成马氏体组织，故称为马氏体钢。

能显著提高钢的淬透性的元素有钼、锰、铬、镍等，微量的硼（B含量小于0.005%）可明显提高钢的淬透性，特别是多种元素同时加入要比各元素单独加入更为有效。故目前淬透性好的钢多采用“多元少量”的合金化原则。

由于合金钢的淬透性比碳钢好，因此在淬火条件相同的情况下，合金钢能获得较深的淬硬层。

四、提高淬火钢的回火稳定性

淬火钢在回火时，抵抗强度、硬度下降的能力，称为回火稳定性。回火稳定性使钢在较高温度下仍能保持高的硬度和高的耐磨性，即热硬性。由于合金元素溶入马氏体，使原子扩散速度减慢，在回火过程中，马氏体不易分解，残留奥氏体不易转变，碳化物不易析出，析出后也不易聚集长大。这就使得淬火钢的强度、硬度下降缓慢，提高了钢抵抗软化的能力，即提高了钢的回火稳定性。

提高钢回火稳定性的合金元素有钒、钼、钨、锰、硅、镍等。

第三节 合金结构钢

合金结构钢是在碳钢的基础上，加入一种或几种合金元素而获得的，主要用于制造机械零件和各种工程构件。这类钢，由于具有合适的淬透性，经适宜的金属热处理后，显微组织为均匀的索氏体、贝氏体或极细的珠光体，因而具有较高的抗拉强度和屈强比（一般在0.85左右），较高的韧性和疲劳强度，较低的韧性－脆性转变温度，可用于制造截面尺寸较大的机器零件。

根据用途、热处理方法等的不同，常用的合金结构钢分为以下几类。

一、低合金高强度钢

低合金结构钢碳的质量分数较低，一般控制在0.1%～0.2%，以少量的锰（0.8%～1.7%）为主加元素，硅的含量比碳素结构钢稍高，并加入钒、铌、钛等合金元素。钒、铌、钛等的主要作用是细化晶粒，提高钢的强度、塑性和韧性。低合金结构钢通常是在热轧退火或正火状态下使用。它的屈服极限比相同含碳量的碳钢高得多。此外，还具有良好的焊接性能和冲压成形性能，切削加工性也很好，并具有较好的耐蚀性。常用低合金结构钢的牌号、性能及主要用途见表9－1。

表9－1　常用低合金结构钢的牌号、性能及主要用途

牌号	力学性能			特性及应用
	σ_s（MPa）	σ_b（MPa）	δ_s（%）	
Q295	235～295	390～570	23	具有优良的韧性、塑性、冷弯性、焊接性及冲压成形性，一般在热轧或正火状态下使用。适于制造各种容器、螺旋焊管、车辆冲压件、建筑结构件、农机结构件、储油罐、低压锅炉汽包、输油管道、造船、金属结构等
Q345	275～345	470～630	21	具有良好的综合力学性能，塑性、焊接性、冲击韧性较好，一般在热轧或正火状态下使用。适于制造桥梁、船舶、车辆、管道、锅炉、各种容器、油罐、电站、厂房结构、低温压力容器等结构件
Q390	330～390	490～650	19	具有良好的综合力学性能，塑性和冲击韧性良好，一般在热轧状态下使用。适于制造锅炉汽包、中高压石油化工容器、桥梁、船舶、起重机、较高负荷的焊接件、连接构件等
Q420	360～420	520～680	18	具有良好的综合力学性能，优良的低温韧性，焊接性好，冷热加工性良好，一般在热轧或正火状态下使用。适于制造高压容器、重型机械、桥梁、船舶、机车车辆、锅炉及其他大型焊接结构件
Q460	400～460	550～720	17	淬火、回火后用于大型挖掘机、起重运输机械、钻井平台等

二、优质合金结构钢

优质合金结构钢常用来制造重要的零件，如轮、轴、轴承、弹簧等，又称为零件用钢。

1. 渗碳钢

渗碳钢是经渗碳、淬火及低温回火后使用的低碳钢。其碳含量一般为 0.1%～0.25%，主要合金元素有 Ni、Cr、Mn 等，辅助合金元素有 W、Mo、V、Ti 等。渗碳钢主要用于制造要求高耐磨性、承受高接触应力和冲击载荷的重要零件，如汽车、拖拉机的变速齿轮，内燃机上凸轮轴、活塞销等。

根据淬透性不同，合金渗碳钢分为三类。

(1) 低淬透性渗碳钢。典型钢种如 15Mn2、20Cr 等，其淬透性较低，只适用于制造受冲击载荷较小的耐磨件，如小轴、小齿轮、活塞销等。

(2) 中淬透性渗碳钢。典型钢种如 20CrMnTi 等，其淬透性较高，力学性能和工艺性能良好，大量用于制造承受高速中载、抗冲击和耐磨损的零件，如汽车、拖拉机的变速齿轮、离合器轴等。

(3) 高淬透性渗碳钢。典型钢种如 18Cr2Ni4WA 等，具有良好的韧性，主要用于制造大截面、高载荷的重要耐磨件，如飞机、坦克的曲轴和齿轮等。

常用合金渗碳钢的牌号、成分、热处理、性能及用途见表 9-2。

表 9-2　常用合金渗碳钢的牌号、成分、热处理、性能及用途

类别	钢号	主要化学成分（%）				热处理（℃）			机械性能（不小于）			用途
		C	Mn	Si	Cr	渗碳	淬火	回火	σ_b (MPa)	σ_s (MPa)	δ (%)	
低淬透性	15	0.12～0.19	0.35～0.65	0.17～0.37		930	770～800 水	200	≥500	≥300	15	活塞销等
	20Mn2	0.17～0.24	1.40～1.80	0.20～0.40		930	770～800 油	200	820	600	10	小齿轮、小轴、活塞销等
	20Cr	0.17～0.24	0.50～0.80	0.20～0.40	0.70～1.00	930	800 水、油	200	850	550	10	齿轮、小轴、活塞
	20MnV	0.17～0.24	1.30～1.60	0.20～0.40		930	880 水、油	200	800	600	10	销等
	20CrV	0.17～0.24	0.50～0.80	0.20～0.40	0.80～1.10	930	800 水、油	200	850	600	12	同上，也用做锅炉、高压容器管道等齿轮、小轴、顶杆、活塞销、耐热垫圈
中淬透性	20CrMn	0.17～0.24	0.90～1.20	0.20～0.40	0.90～1.20	930	850 油	200	950	750	10	齿轮、轴、蜗杆、活塞销、摩擦轮
	20CrMnTi	0.17～0.24	0.80～1.10	0.20～0.40	1.00～1.30	930	860 油	200	1100	850	10	汽车、拖拉机上的变速箱齿轮
	20Mn2TiB	0.17～0.24	1.50～1.80	0.20～0.40		930	860 油	200	1150	950	10	代 20CrMnTi
	20SiMnVB	0.17～0.24	1.30～1.60	0.50～0.80		930	780～800 油	200	≥1200	≥100	≥10	代 20CrMnTi

续表

类别	钢号	主要化学成分（%）				热处理（℃）			机械性能（不小于）			用途
		C	Mn	Si	Cr	渗碳	淬火	回火	σ_b（MPa）	σ_s（MPa）	δ（%）	
高淬透性	18Cr2Ni4WA	0.13～0.19	0.30～0.60	0.20～0.40	1.35～1.65	930	850空	200	1200	850	10	大型渗碳齿轮和轴类件
	20Cr2Ni4A	0.17～0.24	0.30～0.60	0.20～0.40	1.25～1.75	930	780油	200	1200	1100	10	同上
	15CrMn2SiMo	0.13～0.19	2.0～2.40	0.4～0.7	0.4～0.7	930	860油	200	1200	900	10	大型渗碳齿轮、飞机齿轮

2. 调质钢

调质钢是经调质处理后的中碳钢。其碳含量一般为0.25%～0.5%，主要合金元素有Ni、Cr、Mn、Si等，辅助合金元素有W、Mo、V、Ti等。由于这类钢具有很好的综合机械性能，即在保持较高强度的同时又具有很好的塑性和韧性，所以在各类机器上的结构零件大量采用调质钢，是结构钢中使用最广泛的一类钢。

根据淬透性不同，合金调质钢可分为三类。

(1) 低淬透性调质钢。典型钢种如40Cr、40MnB等，它们具有较好的力学性能和工艺性能，但淬透性低，常用于尺寸较小的重要零件。

(2) 中淬透性调质钢。典型钢种如35CrMo、38CrSi等，这类钢含合金元素较多，淬透性较高，用于制造承受中等载荷、截面尺寸较大的中型或较大型的零件。

(3) 高淬透性调质钢。典型钢种如38CrMoAlA、40CrMnMo、25Cr2Ni4WA等。这类钢含铬、镍元素较多，可大大提高钢的淬透性，调质处理后得到极为优良的力学性能，常用于制造大截面和承受重载荷的重要零件。

3. 弹簧钢

常用合金调质钢的牌号、热处理、性能和用途见表9-3。

表9-3　常用合金调质钢的牌号、热处理、性能和用途

牌号	热处理		力学性能				用途举例
	淬火（℃）	回火（℃）	σ_b（MPa）	σ_s（MPa）	δ（%）	ψ（%）	
40Cr	850油	520水、油	980	785	9	45	汽车后半轴、机床齿轮、轴花键轴、顶尖套等
40MnB	850油	500水、油	980	785	10	45	代替40Cr钢制造中小截面重要调质件等
35CrMo	850油	500水、油	980	835	12	45	受冲击振动、弯曲、扭转载荷的机件，如主轴、大电机轴、曲轴、锤杆等
38CrMoAl	940油	640水、油	980	835	14	50	制造磨床主轴、精密丝杆、精密齿轮、高压阀门、压缩机活塞杆等
40CrNiMoA	850油	600水、油	980	835	12	55	韧性好、强度高及大尺寸重要调制件，如重型机械中高载荷轴类、直径大于250mm汽轮机轴、叶片、曲轴

弹簧钢含碳量稍低，主要靠增加硅含量来提高其性能，因为硅可显著提高钢的屈服强度与回火稳定性，同时加入的锰和铬可提高钢的强度和淬透性。近年来，结合我国资源，并根据汽车、拖拉机设计新技术的要求，研制出在硅锰钢基础上加入硼、铌、钼等元素的新钢种，延长了弹簧的使用寿命，提高了弹簧质量。

合金弹簧钢根据弹簧尺寸和成形方法的不同，可分为两类。

(1) 热成形弹簧钢。热成形弹簧钢用热轧钢丝和或钢板制成，成形后进行淬火和中温回火，具有较高的弹性极限和疲劳强度。用于制造大型弹簧或形状复杂的弹簧。

(2) 冷成形弹簧钢。冷成形弹簧钢用冷拉弹簧钢丝或冷轧弹簧钢带在冷态下制成，用于制造直径小或厚度薄的弹簧。弹簧经热处理后，一般还要进行喷丸处理，使表面强化，并在表面产生残余压应力，以提高弹簧的疲劳强度和寿命。

60Si2Mn 钢是应用最多的合金弹簧钢，被广泛用于制造汽车、拖拉机上的板簧、螺旋弹簧等。

常用合金弹簧钢的牌号、热处理、性能和用途见表 9－4。

表 9－4　常用合金弹簧钢的牌号、热处理、性能和用途

牌号	热处理		力学性能			应用举例
	淬火(℃)	回火(℃)	σ_b(MPa)	σ_s(MPa)	ψ(%)	
55Si2Mn	870 油	480	1274	1176	30	用途广，汽车、拖拉机、机车上的减振板和螺旋弹簧、汽缸安全阀弹簧等
60Si2CrA	870 油	420	1764	1568	20	用做承受高应力及 300～350℃以下的弹簧，如汽轮机汽封弹簧、破碎机用弹簧等
50CrVA	850 油	500	1274	1172	40	用做高载荷重要弹簧机工作温度小于 300℃的阀门弹簧、活塞弹簧、安全阀弹簧等
30W4Cr2VA	1050～1100 油	600	1470	1323	40	用做工作温度≤500℃的耐热弹簧，如锅炉主安全阀弹簧、汽轮机汽封弹簧等

4. 滚动轴承钢

滚动轴承钢是高碳低铬钢属于专用结构钢，用来制造各种滚动轴承的滚珠、滚柱、套圈等。轴承转动时承受很高的交变应力，除要求材料有较高的抗压强度、接触疲劳强度和耐磨性外，还要有一定的韧性、耐蚀性、良好的尺寸稳定性和工艺性。

常用的滚动轴承钢是含碳 0.95%～1.10%、含铬 0.40%～1.60%的高碳低铬轴承钢，如 GCr6、GCr9、GCr15 等。

为了满足轴承在不同工作情况下的使用要求，还发展了特殊用途的轴承钢，如制造轧钢机轴承用的耐冲击渗碳轴承钢、航空发动机轴承用的高温轴承钢、在腐蚀介质中工作的不锈轴承钢等。

常用滚动轴承钢的牌号、成分、热处理、性能和用途见表 9－5。

表 9-5 常用滚动轴承钢的牌号、成分、热处理、性能和用途

牌号	化学成分 w (%)						热处理			用途举例
	C	Si	Mn	Cr	P	S	淬火 (℃)	回火 (℃)	HRC	
GCr15	0.95～1.05	0.15～0.35	0.25～0.45	1.40～1.65	≤0.025		825～845	150～170	62～66	广泛用于汽车、拖拉机、内燃机、机床及其他工业设备上的轴承
GCr15SiMn	0.95～1.05	0.45～0.75	0.95～1.25	1.40～1.65	≤0.025		825～845	150～180	>62	大型轴承或特大轴承

5. 易切削结构钢

为了提高钢的切削加工性，在钢中加入一些使钢变脆的元素，使钢切削时易脆断成碎屑，从而有利于提高切削速度和延长刀具寿命。使钢变脆的元素主要是硫，在普通低合金易切削结构钢中使用了铅、碲、铋等元素，这种钢的含硫量为 0.08%～0.3%，含锰量为 0.60%～1.55%。钢中的硫和锰以硫化锰形态存在，硫化锰很脆并有润滑效能，从而使切削容易碎断，并有利于提高加工表面的质量。

根据所含元素不同，易切削结构钢可分为以下三种：

(1) 硫系易切钢。硫系易切钢主要是中低碳钢。硫含量在 0.08%～0.35%范围内，以便钢中的 Mn 生成 MnS 起断屑作用。

(2) 铅系或铅复合系易切钢。铅系或铅复合系易切钢可弥补硫系易切钢力学性能及耐腐蚀性差的缺点。常温下铅在钢中不固溶，它的应力集中效应和减摩性使钢的切削性能得到改善。

(3) 钙系易切钢。钙系易切钢含钙铝硅酸盐，可生成具有润滑作用的保护膜，减少刀具的磨损。易切削结构刚的牌号用规定的符号和阿拉伯数字表示，即以“易”的拼音首字母“Y”打头，其后用两位阿拉伯数字表示碳含量的万分数，如 Y12、Y10Pb 等。

第四节 合 金 工 具 钢

合金工具钢，是在碳素工具钢基础上加入铬、钼、钨、钒等合金元素以提高淬透性、韧性、耐磨性和耐热性的一类钢种，它主要用于制造量具、刃具、耐冲击工具和冷、热模具及一些特殊用途的工具。

合金工具钢按用途大致可分为刃具钢、模具钢和量具用钢三类。其中，碳含量高的钢（碳质量分数大于 0.80%）多用于制造刃具、量具和冷作模具，这类钢淬火后的硬度在 60HRC 以上，且具有足够的耐磨性；碳含量中等的钢（碳质量分数 0.35%～0.70%）多用于制造热作模具，这类钢淬火后的硬度稍低，为 50～55HRC，但韧性良好。

一、合金刃具钢

合金刃具钢主要用于制造低速切削刀具，如车刀、铣刀、钻头、丝锥、板牙等。合金刃具钢又分为低合金刃具钢和高合金刃具钢。

1. 低合金刃具钢

低合金刃具钢是在碳素工具钢的基础上加入少量的合金元素形成的。常用于低合金刃具

钢的牌号、热处理。

低合金刃具钢的含碳量较高，一般在 0.75%～1.5%范围内，以保证高硬度和高耐磨性。通常加入的合金元素是 Cr、Si、Mn、W、V 等。其中，Cr、Si、Mn 等元素主要增加钢的淬透性和回火稳定性；W、V 等元素可形成特殊碳化物，显著提高钢的耐磨性，同时可提高钢的热硬性。

9SiCr 是最常用的低合金刃具钢，被广泛用来制造各种薄刃具，如板牙、丝锥、铰刀等。

2. 高合金刃具钢

高合金刃具钢又常称为高速钢，因比低合金刃具钢具有更高的切削速度而得名。高速钢具有高的硬度、耐磨性和热硬性，当刃部温度高达 600℃时，仍能使硬度保持 55HRC 以上。因此，高速钢在机械制造工业中得到广泛使用。

常用高速钢的性能及热硬性见表 9－6。

表 9－6　常用高速钢的性能及热硬性

牌号	化学成分 w（%）						热处理				
	C	Mn	Cr	V	W	Mo	预热温度（℃）	淬火温度（℃）		回火温度（℃）	HRC
								盐浴炉	箱式炉		
W18Cr4V	0.70～0.80	0.10～0.40	3.80～4.40	1.00～1.40	17.50～19.00	≤0.30	820～870	1270～1285，油	1270～1285，油	550～570	63
W6MoCr4V2	0.80～0.90	0.15～0.40	3.80～4.40	1.75～2.20	5.50～6.75	4.50～5.50	730～840	1210～1230，油	1210～1230，油	540～550	63～64

（1）高速钢的热处理。高速钢的铸态组织中含有大量的鱼骨状合金碳化物，使钢的强度和韧性下降。这种现象不能用热处理消除，只能通过压力加工（轧制、锻造），将粗大的碳化物击碎，使其呈小块均匀分布在基体内。压力加工后钢的硬度很高，无法进行切削加工，必须进行必要的热处理。

高速钢的热处理包括退火、淬火、回火，其特点是低温退火，高温淬火，高温多次回火。

退火：高速钢锻造以后，必须进行球化退火，以消除锻造时产生的内应力，降低锻造后钢的硬度，利于切削加工，并为随后的淬火做组织上的准备。退火温度略高于 A_{c1} 温度，以利于奥氏体的转化。对于某些要求表面粗糙度较低的刃具，可在退火后进行一次调质处理。

淬火：淬火温度在 1250～1300℃，较一般合金钢要高得多，以保证足够数量的碳化物溶入奥氏体，从而提高淬透性、回火稳定性和热硬性；但合金元素多也使高速钢导热性差，传热速度低，故淬火加热时必须要有中间预热；冷却分多级淬火，淬火剂选矿物油。

回火：高速钢进行三次 560℃保温 1h 的回火处理。通过回火，可以使碳化物从马氏体中析出，呈弥散分布，提高钢的硬度；同时，由于残余奥氏体转变为马氏体，也使钢的硬度上升，从而保证了钢的高硬度、高耐磨性及良好的热硬性。

（2）高速钢的表面强化。为改善刃具的切削效率，提高耐用度，生产上常采用表面强化处理。表面强化的方法主要有化学热处理（如离子氮化、气体软氮化等）和表面复层处理（氧化钛复层）。

二、合金模具钢

合金模具钢是专门用于制造冲压、模锻、挤压、压铸等模具的合金钢。模具一般可分为冷态变形模具和热态变形模具，与之相应的有冷作模具钢和热作模具钢。

1. 冷作模具钢

冷作模具钢用来制造冷冲模、冷镦模、冷挤压以及拉丝模、滚丝模、搓丝板等。它们都要使室温下的金属材料在模具中产生塑性变形，因而受到很大压力、摩擦或冲击。冷作模具的正常失效形式是过度磨损，有时也会因脆断、崩刃而提前报废。因此，冷作模具钢与刃具钢在使用要求上极为相似，主要是要求高硬度、高耐磨性及足够的强度与韧性，还要有较高的淬透性和较低的淬火变形倾向。其热处理也是球化退火、淬火和低温回火。

常用冷作模具钢的牌号和性能见表 9－7。

表 9－7　常用冷作模具钢的牌号和性能

牌号	化学成分 w（%）						用途
	C	Si	Mn	Cr	Mo	其他	
Cr12	2.00～2.30	≤0.40	≤0.40	11.5～13.00			用做耐磨性高、尺寸较大的模具，如冷冲模、拉丝模、冷切剪刀，也可作量具
Cr12MoV	1.45～1.70	≤0.40	≤0.40	11.00～12.50	0.40～0.60	V 0.15～0.30	用于制造截面较大、形状复杂、工作条件繁重的各种冷作模具，如冲孔模、切边模、拉丝模、量具等

2. 热作模具钢

热作模具钢用来制造使加热了的固态金属或液态金属在压力作用下成形的模具。模具分为热锻模、热顶锻模、热挤压模与压铸模，相应地热作模具钢分为热锻模具钢、热顶锻模具钢、热挤压模具钢、压铸模具钢。

由于热模具在工作中承受很大的压力和冲击力，并反复受热及冷却，其正常的失效形式是磨损以及由于热疲劳所产生的龟裂。因此，要求热作模具钢有好的综合力学性能，包括高温下能保持较高的力学性能，良好的耐热疲劳性、导热性和抗氧化性，同时，还应具有高的淬透性和较小的热处理变形。常用热作模具钢的化学成分见表 9－8。

表 9－8　常用热作模具钢的化学成分

牌号	化学成分 w（%）							热处理		用途举例
	C	Si	Mn	Cr	W	Mo	V	退火	淬火（℃）	
5CrMnNb	0.50～0.60	0.25～0.60	1.20～1.60	0.60～0.90		0.15～0.30		197～241	820～850，油	中小型锤锻模（≤300～400mm）铸模
5CrNiNb	0.50～0.60	≤0.40	0.50～0.80			0.15～0.30		197～241	830～860，油	形状复杂、冲击载荷大的各种大、中型锤锻模

续表

牌号	化学成分 w（%）							热处理		用途举例
	C	Si	Mn	Cr	W	Mo	V	退火	淬火（℃）	
3Cr2W8V	0.30～0.40	≤0.40	≤0.40	0.20～2.70	7.50～9.00		0.20～0.50	207～255	1075～1125，油	压铸模、平锻机凸模和凹模、热挤压模
4Cr5W2VSi	0.32～0.42	0.80～1.20	≤0.40	4.50～5.50	1.60～2.30		0.60～1.00	≤229	1030～1050油或空冷	高速锤用模具与冲头，热挤压用模，有色金属压铸模等

从表 9－8 中可以看出，热作模具钢一般是中碳合金钢，其含碳量为 0.3%～0.6%，以保证钢具有高强度、高韧性和较高的硬度及较高的热疲劳强度。加入的合金元素有 Cr、Mn、Si、Ni、W 等，主要增强钢的淬透性、回火稳定性和热硬性，细化晶粒，提高钢的强度和抗热疲劳性。

目前，常用热作模具钢有 5CrNiMo、3Cr2W8V、H13 等。H13 钢是国内外广泛应用的热作模具钢。相当于我国的 4Cr5MoSiV 钢锭经过锻轧加工，锻后退火。退火后的硬度为 180～225HB。H13 模具钢的热处理是 1010～1060℃加热淬火，520℃回火，获得回火马氏体组织。

三、量具用钢

量具是用于度量工件尺寸的工具，如卡尺、塞规等，使用量具应具有良好的尺寸稳定性、高耐磨性、高硬度和一定的韧性。因此，量具用钢应具有硬度高、组织稳定、耐磨性好，以及良好的研磨和加工性能、热处理变形小、膨胀系数小和耐蚀性好。这类钢一般属于过共析钢，加入的合金元素有铬、锰、钨、钼等。常用的钢类有铬钢、铬钨锰钢、锰钒钢等。常用量具钢选用举例见表 9－9。

表 9－9　常用量具钢选用举例

量具类别	建议选用钢种的牌号
平样板或卡板	10、20、50、60、6Mn、65Mn
一般量规与量块	T10A、T12A、9SiCr
高精度量规与量块	Cr、CrMn、GCr15
高精度且形状复杂的量规与量块	CrWMn（低变形钢）
耐蚀量具	4Cr13、9Cr18（不锈钢）

第五节 特殊性能钢

随着工业技术的发展，在机械制造、石油化工、航天航空、国防等工业部门，广泛需要具有某些特殊的使用性能，并能在特殊环境、工作条件下使用的钢，即特殊性能钢。特殊性能钢是指具有特殊物理或化学性能，用来制造除要求具有一定的机械性能外，还要求具有特殊性能的零件。特殊性能钢种类很多，机械制造中主要使用不锈钢、耐热钢、耐磨钢。

一、不锈钢

在自然环境能抵抗大气腐蚀的钢或者在工业介质中具有耐腐蚀性的钢都可称为不锈钢，不锈钢通常是不锈钢与耐酸钢的统称。其中，能抵抗大气腐蚀的钢称为不锈钢，而在一些化学介质（如酸类等）中能抵抗腐蚀的钢称为耐酸钢。一般情况下，不锈钢不一定耐酸，而耐酸钢均有良好的不锈性能。

按化学成分的不同，不锈钢分为铬不锈钢、铬镍不锈钢、铬锰不锈钢等；按金相组织不同，不锈钢分为马氏体型、铁素体型、奥氏体型、铁素体—奥氏体型、奥氏体—马氏体型不锈钢等。

1. 马氏体不锈钢

这类钢的含碳量为0.1%～0.4%，含铬量为13%～18%。因含碳较高，故具有较高的强度、硬度和耐磨性，但耐蚀性、塑性和可焊性较差。马氏体不锈钢的常用牌号有1Cr13、3Cr13等，用于力学性能要求较高、耐蚀性能要求一般的零件上，如弹簧、汽轮机叶片、水压机阀等。这类钢是在淬火、回火处理后使用的。

2. 铁素体不锈钢

这类钢含铬量17%～30%，碳含量小于0.15%。其耐蚀性、韧性和可焊性随含铬量的增加而提高，耐氯化物腐蚀性能优于其他种类不锈钢。

属于铁素体不锈钢的有Cr17、Cr17Mo2Ti、Cr25、Cr25Mo3Ti、Cr28等。铁素体不锈钢因为含铬量高，耐腐蚀性能与抗氧化性能均比较好，但机械性能与工艺性能较差，多用于受力不大的耐酸结构及作抗氧化钢使用。这类钢能抵抗大气、硝酸及盐水溶液的腐蚀，并具有高温抗氧化性能好、热膨胀系数小等特点，用于硝酸及食品工厂设备，也可制造在高温下工作的零件，如燃气轮机零件等。

3. 奥氏体不锈钢

奥氏体不锈钢含铬量大于18%，还含有8%左右的镍及少量钼、钛、氮等元素，综合性能好，可耐多种介质腐蚀。奥氏体不锈钢的常用牌号有1Cr18Ni9、0Cr19Ni9等。0Cr19Ni9钢的含碳量小于0.08%，钢号中标记为“0”。这类钢中含有大量的Ni和Cr，使钢在室温下呈奥氏体状态，具有良好的塑性、韧性、焊接性和耐蚀性能，在氧化性和还原性介质中耐蚀性均较好，用来制造耐酸设备，如耐蚀容器及设备衬里、输送管道、耐硝酸的设备零件等。奥氏体不锈钢一般采用固溶处理，即将钢加热至1050～1150℃，然后水冷，以获得单相奥氏体组织。

常见不锈钢的种类牌号、特点和用途见表9-10。

表9-10　　常见不锈钢的种类、牌号、特点和用途

类型	牌号	特点和用途
奥氏体型	1Cr17Mn6Ni5N	节Ni钢种，代替牌号1Cr17Ni7，冷加工后具有磁性。铁道车辆用
	1Cr18Mn8Ni5N	节Ni钢种，代替牌号1Cr18Ni9
	1C118Mn10Ni5Mo3N	对尿素有良好的耐蚀性，可制造尿素腐蚀的设备
	1Cr17Ni7	经冷加工有高的强度。铁道车辆、传送带螺栓螺母用
	1Cr18Ni9	经冷加工有高的强度，但伸长率比1Cr17Ni7稍差。建筑用装饰部件
	00Cr18Ni5Mo3Si2	具有铁素体—奥氏体型双相组织，耐应力腐蚀破裂性好，耐点蚀性能与00Cr17Ni13Mo2相当，具有较高的强度适于含氯离子的环境，用于炼油、化肥、造纸、石油、化工等工业热交换器和冷凝器等

续表

类型	牌号	特点和用途
铁素体型	0Cr13Al	从高温下冷却不产生显著硬化，汽轮机材料，淬火用部件，复合钢材
	00Cr12	比 0Cr13 含碳量低，焊接部位弯曲性能，加工性能，耐高温氧化性能好。作汽车排气处理装置，锅炉燃烧室、喷嘴
	1Cr17	耐蚀性良好的通用钢种，建筑内装饰用，重油燃烧器部件，家用电器部件
	Y1Cr17	比 1Cr17 提高切削性能。自动车床用，螺栓，螺母等
	1Cr17Mo	为 1Cr17 的改良钢种，比 1Cr17 抗盐溶液性强。作为汽车外装材焊使用
	00Cr30Mo2	高 Cr－Mo 系，C、N 降至极低，耐蚀性很好，作为乙酸、乳酸等有机酸有关的设备，制造苛性碱设备。耐卤离子应力腐蚀破裂
	00Cr27Mo	要求性能、用途、耐蚀性和软磁性与 00Cr30Mo0 类似
马氏体型	1Cr12	作为汽轮机叶片及高应力部件之良好的不锈耐热钢
	1Cr13	具有良好的耐蚀性，机械加工性，一般用途，刃具类
	0Cr13	作较高韧性及受冲击负荷的零件、如汽轮机叶片、结构架、不锈设备、衬里、螺栓、螺帽等
	8Cr17	硬化状态下，比 7Cr17 硬，而比 11Cr17 地韧性高。作刃具、阀门
	9Cr18	不锈切片机械刃具及剪切刀具、手术刀片，高耐磨设备零件等
	11Cr17	在所有不锈钢，耐热钢中，硬度最高，作喷嘴、轴承
	Y11Cr17	比 11Cr17 提高了切削性的钢种。自动车床用
	9Cr18Mo	轴承套圈及滚动体用的高碳铬不锈钢
	9Cr18MoV	不锈切片机械刃具及剪切工具、手术刀片、高耐磨设备零件等
沉淀硬化型	0Cr17Ni4Cu4Nb	添加钢的沉淀硬化型钢种。轴类、汽轮机部件
	0Cr17NiTA1	添加铝的沉淀硬化型钢种，作弹簧、热圈及其部件
	0Cr15NiTM02AI	用于有一定耐蚀要求的高强度容器、零件及结构件

4. 奥氏体—马氏体超高强度不锈钢

这类钢的镍含量较低，使钢在淬火后有不稳定的奥氏体，在冷处理和塑性变形时奥氏体发生马氏体转变，然后通过沉淀硬化，析出金属间化合物 Ni_3Al、Ni_3Nb 等，使马氏体进一步被强化。奥氏体—马氏体超高强度不锈钢具有奥氏体不锈钢的优点，易于加工成形；由于具有马氏体不锈钢的优点，有很强的力学性能，因此能满足航空航设备零件和军工机械的要求。常用的此类钢 0Cr17Ni4Cu4Nb、4Cr15Ni7Mo2 等。

二、耐热钢

耐热钢是指在高温下具有较高的强度和良好的化学稳定性的合金钢，包括抗氧化钢（或称高温不起皮钢）和热强钢两类。抗氧化钢一般要求较好的化学稳定性，但承受的载荷较低，热强钢则要求较高的高温强度和相应的抗氧化性。

1. 抗氧化钢

（1）铁素体型抗氧化钢。铁素体型抗氧化钢含有较多的铬、铝、硅等元素，形成单相铁素体组织，有良好的抗氧化性和耐高温气体腐蚀的能力，但高温强度较低，室温脆性较大，焊接性较差，如 1Cr13SiAl、1Cr25Si2 等。一般用于制造承受载荷较低而要求有高温抗氧化性的部件。

（2）奥氏体型抗氧化钢。奥氏体型抗氧化钢含有较多的镍、锰、氮等奥氏体形成元素，在600℃以上时，有较好的高温强度和组织稳定性，焊接性能良好。通常用做在600℃以上工作的热强材料，典型钢种有1Cr18Ni9Ti、1Cr23Ni13、1Cr25Ni20Si2、2Cr20Mn9Ni2Si2N、4Cr14Ni14W2Mo等。

2. 热强钢

（1）珠光体型钢。珠光体型钢中合金元素以铬、钼为主，总量一般不超过5%。其组织除珠光体、铁素体外，还有贝氏体。这类钢在500～600℃具有良好的高温强度及工艺性能，价格较低，广泛用于制造600℃以下的耐热部件，如锅炉钢管、汽轮机叶轮、转子、紧固件及高压容器、管道等。典型钢种有16Mo、15CrMo、12Cr1MoV、12Cr2MoWVTiB、10Cr2Mo1、25Cr2Mo1V、20Cr3MoWV等。

（2）马氏体型钢。马氏体型钢含铬量一般为10%～13%，在650℃以下具有较高的高温强度、抗氧化性和耐水汽腐蚀的能力，但焊接性较差。含铬量12%左右的1Cr13、2Cr13，以及在此基础上发展出来的如1Cr11MoV、1Cr12WMoV、2Cr12WMoNbVB等，通常用来制造汽轮机叶片、轮盘、轴、紧固件等。此外，作为制造内燃机排气阀用的4Cr9Si2、4Cr10Si2Mo等也属于马氏体耐热钢。

常见耐热钢的种类、成分、热处理及性能用途见表9-11。

表9-11　常见耐热钢的种类、成分、热处理及性能用途

类别	牌号	使用温度（℃）		用途举例
		抗氧化性	热强性	
抗氧化钢	1Cr13Si13	900		制造各种承受应力不大的炉用构件，如喷嘴、炉罩、托架、吊挂等
	3Cr18Ni25Si2	1100		制造热处理炉内构件
热强钢	15CrMo	350～600	350～600	用做动力、石油部门的锅炉及管道材料
	4Cr10Si2Mo	850	650	内燃机气阀，加热炉构件
	4Cr9Si2	850	650	内燃机气阀，加热炉构件
	1Cr18Ni9Ti	850	650	高压锅炉的过热器，化工高压反应釜，喷气发动机尾喷管
	4Cr14Ni14W2Mo	850	750	内燃机排气阀

三、耐磨钢

耐磨钢是指在冲击和磨损条件下使用的高锰钢。耐磨钢广泛用于矿山机械、煤炭采运、工程机械、农业机械、建材、电力机械、铁路运输等部门。

耐磨钢的主要成分是碳和锰。其中，含碳量为0.9%～1.5%，含锰量为11%～14%。其牌号表示为ZG（“铸钢”拼音首字母）+Mn+数字（钢中锰的质量百分数），如ZGMn13-1。

由于高锰钢的铸态组织是由奥氏体、碳化物及少量的相变产物珠光体所组成。沿奥氏体晶界析出的碳化物降低钢的韧性，为消除碳化物，将钢加热至奥氏体区温度（1050～1100℃，视钢中碳化物的细小或粗大而定），并保温一段时间（每25mm壁厚保温1h），使铸态组织中的碳化物基本上都固溶到奥氏体中，然后在水中进行淬火，从而得到单一的奥氏体组织（即水韧处理）。此时，高锰钢具有良好的韧性、无磁性、硬度低，但具有较强的加工硬化能力，在冲击或压应力的作用下，促使表层奥氏体转变为马氏体，从而形成硬且耐磨的表面。硬度提高到500～550HB，从而获得较高的耐磨性。当表面磨损后，新露出的表面又可在冲击的条件下获得新的硬化层。可见，如果磨损没有加工硬化条件，则高锰钢的耐磨性则不能充分发挥。

习 题

9-1 说明下列钢号属于何种钢？数字的含意是什么？主要用途有哪些？

T8、16Mn、20CrMnTi、40Cr、GCr15、60Si2Mn、W18Cr4V、1Cr18Ni9Ti、1Cr13、Cr12MoV、12CrMoV、5CrMnMo、38CrMoAl、9CrSi、Cr12、3Cr2W8、4Cr5W2VSi、15CrMo、60钢、CrWMn。

9-2 合金钢和碳素钢相比，具有哪些特点？

9-3 在合金钢中，常加入的合金元素有哪些？非碳化物形成合金元素有哪些？碳化物形成合金元素有哪些？

9-4 为什么合金钢的淬透性比碳素钢高？试比较20CrMnTi与T10钢的淬透性和淬硬性。

9-5 有一根ϕ30mm的轴，受中等的交变载荷作用，要求零件表面耐磨，心部具有较高的强度和韧性，供选择的材料有16Mn、20Cr、45钢、T8钢和Cr12钢。要求：

(1) 选择合适的材料。

(2) 编制简明的热处理工艺路线。

(3) 指出最终组织。

9-6 为什么轴承钢要具有较高的碳含量？在淬火后为什么需要冷处理？

9-7 如何提高钢的耐蚀性？不锈钢的成分有何特点？

第十章 铸　　铁

铸铁是碳含量大于2.11%并常含有较多的硅、锰、硫、磷等元素的铁碳合金。铸铁的生产设备和工艺简单，价格便宜，并具有许多优良的使用性能和工艺性能，所以应用非常广泛，是工程上最常用的金属材料之一。铸铁可用于制造各种机器零件，如机床的床身、床头箱，发动机的汽缸体、缸套、活塞环、曲轴、凸轮轴，轧机的轧辊，机器的底座等。

第一节 概　　述

一、铸铁的分类

1. 按碳存在的形式分类

根据碳在铸铁中存在形式，铸铁分为白口铸铁、灰铸铁、麻口铸铁。

(1) 白口铸铁。碳全部或大部分以渗碳体形式存在，断裂时断口呈银白色的铸铁，称为白口铸铁。白口铸铁根据室温下的平衡组织可分为亚共晶白口铸铁、共晶白口铸铁、过共晶白口铸铁。这类铸铁的性能硬而脆，切削加工困难，很少直接用于制造机器零件。

(2) 灰铸铁。碳大部分或全部以游离的石墨形式存在，断裂时断口呈灰暗色的铸铁，称为灰铸铁。这类铸铁是目前生产中应用最广泛的铸铁。

(3) 麻口铸铁。碳一部分以渗碳体形式存在，一部分以石墨形式存在，断口上黑白相间构成麻点的铸铁，称为麻口铸铁。这类铸铁脆性较大，工业上很少使用。

2. 按铸铁中石墨的形式分类

铸铁中石墨形态分为片状、团絮状、球状和蠕虫状四大类。

(1) 普通灰铸铁：石墨呈片状。

(2) 可锻铸铁：石墨呈团絮状。

(3) 球墨铸铁：石墨呈球状。

(4) 蠕墨铸铁：石墨呈蠕虫状。

3. 按化学成分分类

按化学成分，铸铁可分为普通铸铁和合金铸铁。

(1) 普通铸铁：常规元素铸铁。

(2) 合金铸铁：特殊性能铸铁，向普通铸铁中加入一定量合金元素。

二、铸铁的石墨化

铸铁中碳原子析出并形成石墨的过程称为石墨化。

1. 铁—碳双重相图

在铁碳合金中，碳可以以三种形式存在：一是固溶在F、A中；二是化合物态的渗碳体(Fe_3C)；三是游离态石墨(G)。渗碳体为亚稳相，具有复杂的斜方结构，在一定条件下能分解为铁和石墨($Fe_3C \longrightarrow 3Fe+C$)。石墨为稳定相，具有特殊的简单六方晶格，如图10-1所示。其底面原子呈六方网格排列，原子间距小(1.42×10^{-10}m)，结合力很强；而底面之间的间距较大（3.04×10^{-10}m），结合力较弱。所以石墨的强度、硬度和塑性都很差。

铁碳合金在不同条件下结晶，碳的析出形式不同，因此，铁碳合金可以有亚稳定平衡的 Fe－Fe_3C 相图和稳定平衡的 Fe－C（G）相图，将 Fe－Fe_3C 相图和 Fe－C（G）相图合画在一起，称为铁—碳双重相图，如图 10－2 所示。图 10－2 所示铁碳合金按哪种相图变化，取决于加热、冷却条件或获得的平衡性质（亚稳平衡还是稳定平衡）。

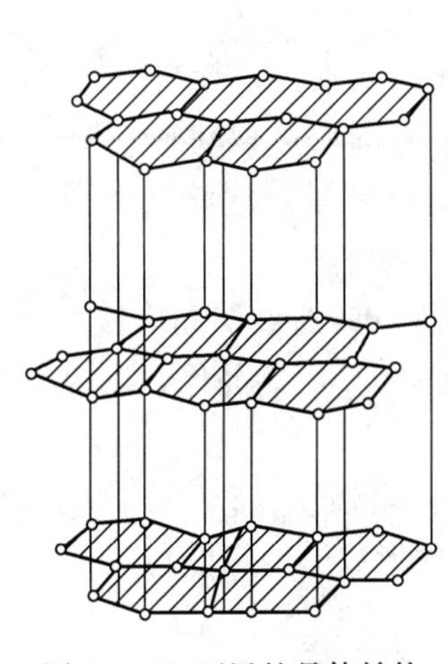

图 10－1 石墨的晶体结构

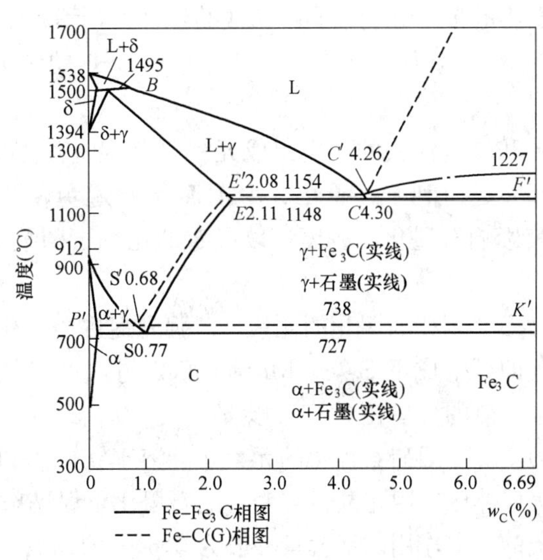

图 10－2 铁—碳双重相图

2. 铁的石墨化过程

铸铁中碳原子析出并形成石墨的过程称为石墨化。石墨是碳的一种结晶形态，石墨既可以从液体和奥氏体中析出，也可以通过渗碳体分解来获得。灰铸铁和球墨铸铁中的石墨主要是从液体中析出；可锻铸铁中的石墨则完全由白口铸铁经长时间退火，由渗碳体分解而得到。

按照 Fe－G 相图，可将铸铁的石墨化过程分为三个阶段。

第一阶段石墨化：铸铁液体结晶出一次石墨（过共晶铸铁）和在 1154℃通过共晶反应形成共晶石墨。

第二阶段石墨化：在 738～1154℃温度范围内奥氏体沿 $E'S'$ 线析出二次石墨。

第三阶段石墨化：在 738℃通过共析反应析出共析石墨。

石墨化过程是一个原子扩散过程，第一、二阶段铸铁的温度较高，原子容易扩散，石墨化进行得完全；第三阶段铸铁温度较低，原子扩散困难。若第一、二、三阶段的石墨化都能充分进行，则形成铁素体＋石墨（F＋G）的组织；若第一、二阶段的石墨化能充分进行，第三阶段石墨化部分进行，则形成铁素体＋珠光体＋石墨（F＋P＋G）的组织；若第一、二阶段的石墨化能充分进行，第三阶段石墨化被全部抑制，则形成珠光体＋石墨（P＋G）的组织。

根据石墨化程度的不同，可获得不同的铸铁。如果三个阶段石墨化均被抑制，得到的是白口铸铁；第一、二阶段石墨化充分进行，得到灰口铸铁；第一、二阶段石墨化部分进行，第三阶段石墨化被抑制，得到麻口铸铁。

3. 影响石墨化的因素

影响铸铁石墨化的因素可分为内因和外因两个方面，内因是化学成分，外因是冷却速度。

(1) 内因——化学成分。化学成分分为促进石墨化和阻碍石墨化两类。

1) C、Si为强烈促进石墨化的元素。石墨本身就是碳，所以碳含量越高，石墨化越容易，石墨越多。硅能减弱碳和铁的亲合力，不利于渗碳体的析出，从而促进了石墨化。在铸铁中，1%Si对石墨化的作用相当于1/3%C的作用，用碳当量表示，即

$$C_E = C\% + 1/3Si\%$$

碳和硅是铸铁的主要组成元素，又都是强烈促进石墨化的元素，一般情况下碳和硅含量越高，越有利于石墨化。为了简化和避免使用多元合金相图，可以将碳、硅等元素，按照其影响石墨化的程度，以一定的比例近似换算成相应的碳含量，这就是碳当量（C_E）的意义。

2) S是阻碍石墨化的元素。硫强烈促进白口化，并使铸铁的铸造性能和机械性能恶化。少量硫即可生成FeS（或MnS），FeS与铁形成低熔点（约980℃）共晶体，沿晶界分布。因此限定硫的含量在0.15%以下。

3) Mn是阻碍石墨化的元素，能溶于铁素体和渗碳体中，增强铁、碳原子间的结合力，扩大奥氏体区，阻止共析转变时的石墨化，促进珠光体基体的形成。但锰能与硫生成MnS，减少硫的有害作用。锰含量一般为0.5%～1.4%。

4) P是促进石墨化的元素，铸铁中磷含量增加时，液相线降低，从而提高了铁水的流动性。在铸铁中，磷含量大于0.3%时，常常形成二元或三元磷共晶体，其性能硬而脆，降低铸铁的强度，但提高其耐磨性。所以，要求铸铁有较高强度时，要限制磷含量（一般在0.12%以下），而耐磨铸铁则要求有一定的磷含量（可达0.3%以上）。

(2) 外因——冷却速度。在生产过程中，铸铁的冷却速度越缓慢，或在高温下长时间保温，越有利于石墨化。在其他条件一定的情况下，冷却速度与铸件的壁厚有关，壁厚越大，冷却速度越小，越有利于石墨化，反之亦然。在生产中，铸件的表面和薄壁处常形成白口组织，增加切削加工的难度，就是由于这个原因造成的。

三、铸铁的显微组织

铸铁中的碳主要以石墨的形式存在，所以铸铁的组织是由金属基体和石墨组成。

1. 铸铁的金属基体

铸铁的金属基体有珠光体、铁素体和铁素体+珠光体，经热处理后有马氏体、贝氏体等组织，也就是说铸铁的基体相当于钢的组织。

2. 铸铁中的石墨

铸铁中的石墨形态分为片状、团絮状、球状及蠕虫状四大类，如图10-3所示。

铸铁的一次结晶过程决定了石墨的形态，二次结晶过程决定了基体组织。

四、铸铁的性能

1. 力学性能

铸铁强度、塑性、韧性比钢低。这是因为G的强度、韧性极低，减小钢基体的有效截面，并能够引起应力集中。耐磨性好，石墨有利于润滑、储油。

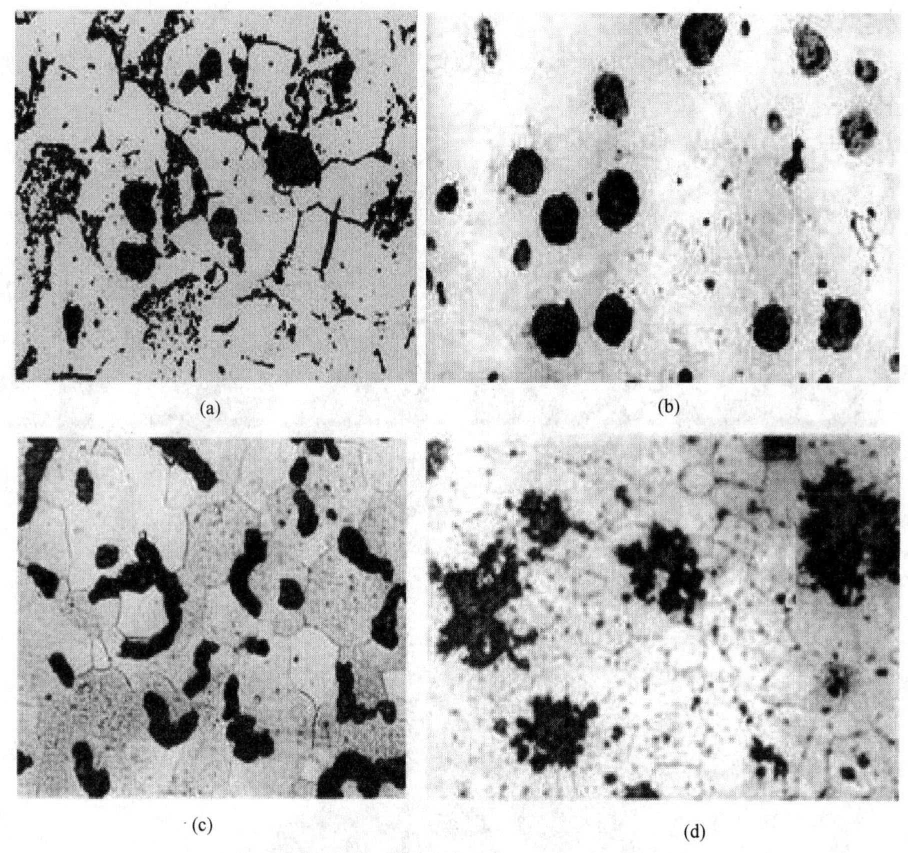

图 10－3　铸铁中的石墨形态

(a) 片状石墨；(b) 球状石墨；(c) 蠕虫状石墨；(d) 絮状石墨

2. 其他性能

缺口敏感性低——表面粗糙对疲劳极限的影响不明显。

消振性好（是钢的十倍）——G 组织松软。

铸造性好——接近共晶成分、熔点低、流动性好凝固收缩小。

切削加工性好——G 使切屑易断，还可润滑刀具。

由于铸铁成本低廉，生产工艺简单并具有优良的铸造性能和切削加工性能，目前仍然是机械制造业中最重要的材料之一。

五、常用的铸铁

目前，生产中常用的铸铁有灰铸铁、球墨铸铁、蠕墨铸铁、可锻铸铁、合金铸铁。

第二节　灰　铸　铁

一、灰铸铁的化学成分

$$w_{C}=2.6\%\sim3.5\%，w_{Si}=1.0\%\sim2.2\%，w_{Mn}=0.5\%\sim1.3\%$$

$$w_{S}\leqslant0.15\%，w_{P}\leqslant0.3\%$$

二、灰铸铁的显微组织

按基体组织的不同，灰铸铁分为铁素体基体灰铸铁、铁素体—珠光体基体灰铸铁、珠光体基体灰铸铁三类，如图 10-4 所示。

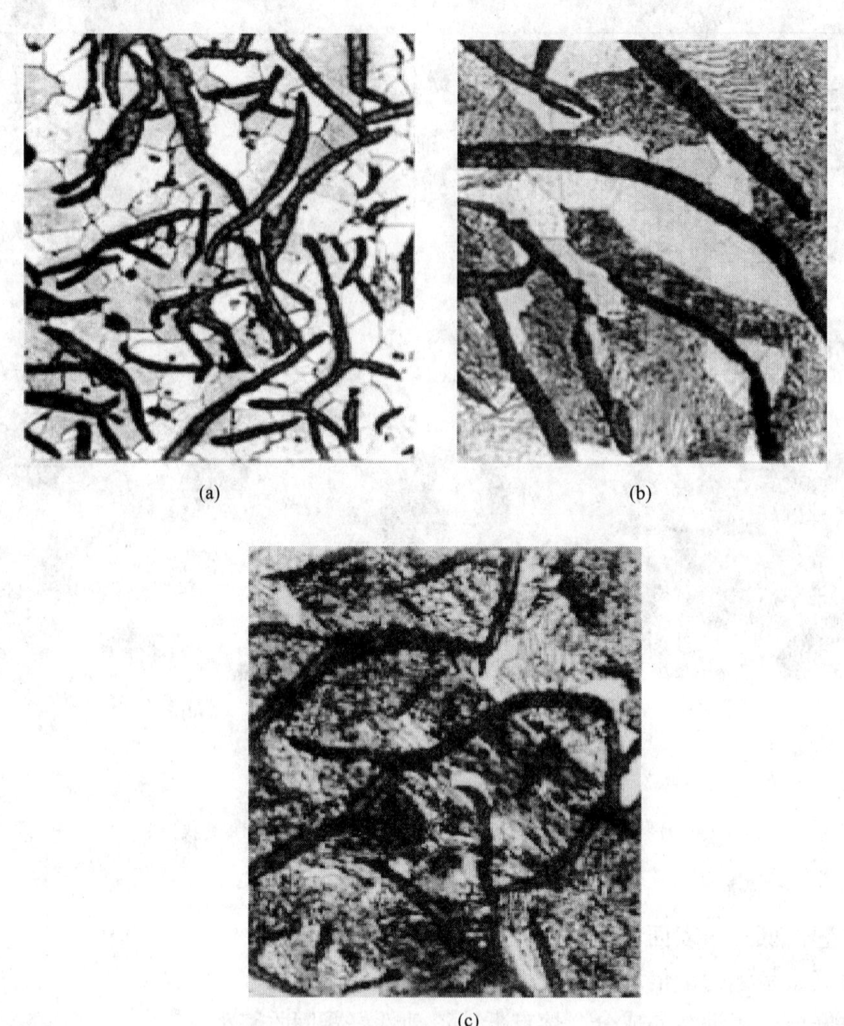

图 10-4 灰铸铁分类
(a) 铁素体基体灰铸铁；(b) 铁素体—珠光体基体灰铸铁；(c) 珠光体基体灰铸铁

三、灰铸铁的力学性能

灰铸铁的抗拉强度和塑性都很低，这是石墨对基体的严重割裂所致。石墨强度、韧性极低，相当于钢基体上的裂纹或空洞，它减小基体的有效截面，并引起应力集中。石墨越多、越大，对基体的割裂作用越严重，其抗拉强度越低。

孕育处理可细化石墨片，减轻其对基体的割裂作用，进而提高铸铁的强度，但塑性无明显改善。

四、灰铸铁的孕育处理

经孕育处理（也称变质处理）后的灰铸铁称为孕育铸铁。孕育的目的是使铁水内同时生成大量均匀分布的非自发核心，以获得细小均匀的石墨片，并细化基体组织，提高铸铁强度；避免铸件边缘及薄断面处出现白口组织，提高断面组织的均匀性。

孕育铸铁具有较高的强度和硬度，可用来制造机械性能要求较高的铸件，如汽缸、曲轴、凸轮、机床床身等，尤其是截面尺寸变化较大的铸件。

五、灰铸铁的工艺性能

因石墨的存在，造成脆性切屑，铸铁的切削加工性能优异。灰铸铁的铸造性能良好，铸件凝固时形成石墨产生的膨胀，减少了铸件体积的收缩，降低了铸件中的内应力。

石墨具有良好的润滑作用，并能储存润滑油，使铸件有很好的耐磨性能。石墨对振动的传递起削弱作用，使铸铁有很好的减振性能。大量石墨的割裂作用，使铸铁对缺口不敏感。

六、灰铸铁的牌号与性能

灰铸铁的牌号由 HT＋三位数字组成。其中，HT 是灰铁的拼音缩写；数字代表铸铁的抗拉强度。例如，HT200 表示最低抗拉强度为 200MPa 的灰铸铁，灰铸铁的牌号、力学性能及用途见表 10－1。

表 10－1　灰铸铁的牌号、力学性能及用途

牌号	基体组织	最小抗拉强度（MPa）	用途举例
HT100	铁素体	100	适用于低载荷及不重要的零件，如外罩、盖、手把、手轮、支架、外壳等
HT150	珠光体＋铁素体	150	适用于承受中等载荷的零件，如底座、工作台、齿轮箱、机床支柱等
HT200	珠光体	200	适用于承受较大载荷及较重要的零件，如机床床身、汽缸体、联轴器、齿轮、飞轮、活塞、液压缸等
HT250		250	
HT300	孕育铸铁	300	适用于承受大载荷的重要零件，如齿轮、凸轮、高压油缸、床身、泵体、大型发动机曲轴、车床卡盘等
HT350		350	

七、灰铸铁的热处理

热处理不能改变石墨的形态和分布，对提高灰铸铁整体机械性能作用不大，生产中主要用来消除铸件内应力和白口组织、稳定铸件尺寸、改善切削加工性能、提高表面硬度和耐磨性等。

1. 去应力退火

将铸件缓慢加热到 500～600℃，保温一定时间，随炉缓慢冷却到 200℃以下出炉空冷。其目的是防止机加工或使用时变形、开裂。

2. 软化退火

消除铸件白口、降低硬度的退火称为软化退火。铸铁件表层和薄壁处产生白口组织难以切削加工，需要退火以降低硬度。退火在共析温度以上进行，使渗碳体分解成石墨，所以又称高温退火。其工艺过程为：缓慢加热到 800～950℃，保温一定时间（一般为 1～3h），使渗碳体分解，然后随炉冷却到 400～500℃出炉空冷。

3. 表面淬火

有些铸件如机床导轨、缸体内壁等，因需要提高硬度和耐磨性，可进行表面淬火处理，如高频表面淬火、火焰表面淬火、激光加热表面淬火等。淬火后表面硬度可达50～55HRC。

第三节 球墨铸铁

球墨铸铁是指在浇铸之前，在铁液中加入少量球化剂（通常为镁、稀土镁合金或含铈的稀土合金）和孕育剂（通常为硅铁），使铁水凝固后形成球状石墨。

一、球墨铸铁的球化处理

球墨铸铁的球化处理必须伴随着孕育处理，通常是在铁水中同时加入一定量的球化剂和孕育剂。

我国普遍使用稀土镁球化剂。镁是强烈阻碍石墨化的元素，为了避免白口，并使石墨球细小、均匀分布，一定要加入孕育剂。常用的孕育剂为75%硅铁、硅钙合金等。

二、球墨铸铁的化学成分

球墨铸铁的成分要求比较严格，有“两高三低”之说，即碳、硅的质量分数高，锰、硫、磷的质量分数低，一般范围是：$w_C=3.6\%\sim4.0\%$，$w_{Si}=2.0\%\sim3.2\%$，$w_S\leqslant0.07\%$，$w_P\leqslant0.1\%$，$w_{Mn}=0.6\%\sim0.9\%$（基体为珠光体），$w_{Mn}<0.6\%$。

三、球墨铸铁的显微组织

球墨铸铁的显微组织特征是球状石墨分布在各种基体组织上，常见的基体组织有铁素体、铁素体+珠光体、珠光体，其显微组织如图 10-5 所示。

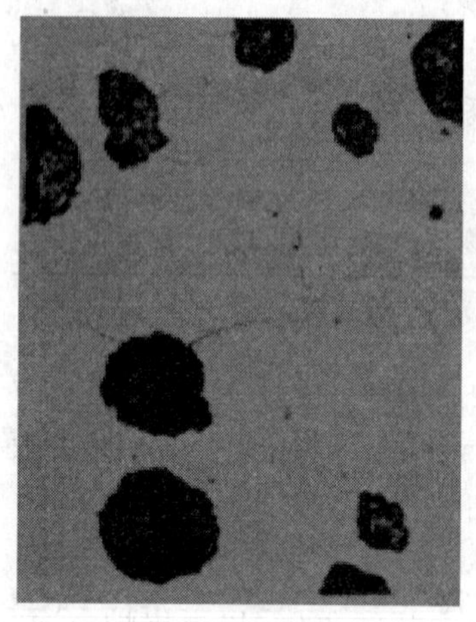
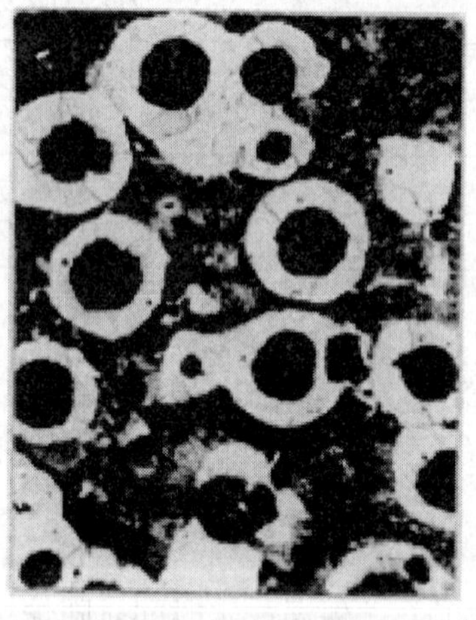
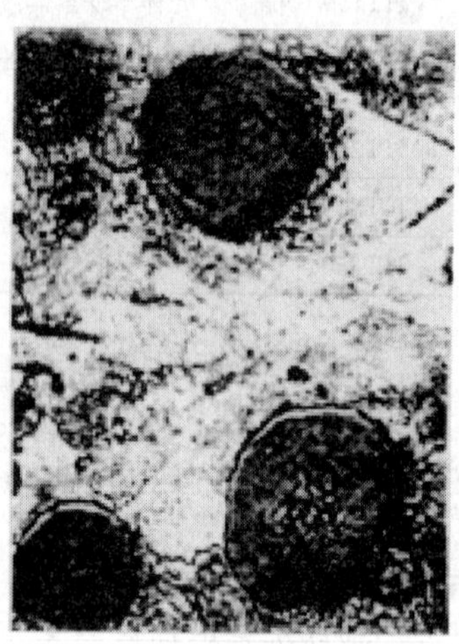

图 10-5 球墨铸铁的显微组织

四、球墨铸铁的性能

球墨铸铁是一种具有优良机械性能的灰铸铁，球铁的强度和韧性比其他铸铁高。不同基体的球墨铸铁，性能差别很大。珠光体球墨铸铁的抗拉强度比铁素体基体高 50%以上，而铁素体球墨铸铁的延伸率为珠光体基体的 3～5 倍。球墨铸铁还具有较好的疲劳强度，见表 10-2。

五、球墨铸铁的应用及牌号

1. 球墨铸铁的应用

有时可代替铸钢和可锻铸铁，在机械制造工业中得到了广泛应用。可以用球墨铸铁来代替钢制造某些重要零件，如曲轴、连杆、轴等，见表 10－2。

2. 球墨铸铁的牌号

球墨铸铁牌号用“QT”标明，其后两组数值表示最低抗拉强度极限和延伸率，如 QT420－10、QT600－2、QT800－2，见表 10－2。

表 10－2　　球墨铸铁的牌号、力学性能及应用

<table>
<tr><th>牌号</th><th>基体组织</th><th>最小抗拉强度（MPa）</th><th>最小伸长率 δ（%）</th><th>应用举例</th></tr>
<tr><td>QT400－18</td><td>铁素体</td><td>400</td><td>18</td><td rowspan="3">阀体、汽车及内燃机车零件，机床零件、差速器壳、农机具等</td></tr>
<tr><td>QT400－15</td><td>铁素体</td><td>400</td><td>15</td></tr>
<tr><td>QT450－10</td><td>铁素体</td><td>450</td><td>10</td></tr>
<tr><td>QT500－7</td><td>铁素体＋珠光体</td><td>500</td><td>7</td><td>机油泵齿轮、铁路机车车辆轴瓦、传动轴、飞轮等</td></tr>
<tr><td>QT600－3</td><td>铁素体＋珠光体</td><td>600</td><td>3</td><td rowspan="3">柴油机曲轴、凸轮轴、汽缸体、汽缸套、活塞环、部分磨床、铣床、车床的主轴、蜗轮及蜗杆、大齿轮等</td></tr>
<tr><td>QT700－2</td><td>珠光体</td><td>700</td><td>2</td></tr>
<tr><td>QT800－2</td><td>珠光体或回火组织</td><td>800</td><td>2</td></tr>
<tr><td>QT900－2</td><td>珠光体或
回火马氏体</td><td>900</td><td>2</td><td>汽车螺旋锥齿轮、拖拉机减速器齿轮、柴油机凸轮轴、内燃机曲轴等</td></tr>
</table>

六、球墨铸铁的热处理

1. 退火（高温退火和低温退火）

其热处理目的在于获得铁素体基体。球化剂增大铸件的白口化倾向，当铸件薄壁处出现自由渗碳体和珠光体时，为了获得塑性、韧性好的铁素体基体，并改善切削性能，消除铸造应力。

2. 正火

高温正火：获得珠光体组织（P）。

低温正火：获得珠光体＋铁素体组织（P＋F）。

3. 调质

要求综合机械性能较高的球墨铸铁零件，如连杆、曲轴等，可采用调质处理。其工艺为：加热到 850～900℃，使基体转变为奥氏体，在油中淬火得到马氏体，然后经 550～600℃回火，空冷，获得回火索氏体＋球状石墨。回火索氏体基体不仅强度高，而且塑性、韧性比正火得到的珠光体基体好。

4. 等温淬火

等温淬火适用于形状复杂易变形，同时要求综合力学性能高的球墨铸铁，获得下贝氏体＋少量残余奥氏体＋球状石墨。

第四节　蠕　墨　铸　铁

蠕墨铸铁是在一定成分的铁水中加入适量的蠕化剂而炼成的，其方法和程序与球墨铸铁基本相同。蠕化剂目前主要采用镁钛合金、稀土镁钛合金或稀土镁钙合金等。

一、蠕墨铸铁的化学成分

$$w_C = 3.5\% \sim 3.9\%,\quad w_{Si} = 2.1\% \sim 2.8\%,\quad w_{Mn} = 0.4\% \sim 0.8\%$$

$$w_S < 0.1\%,\quad w_P < 0.1\%$$

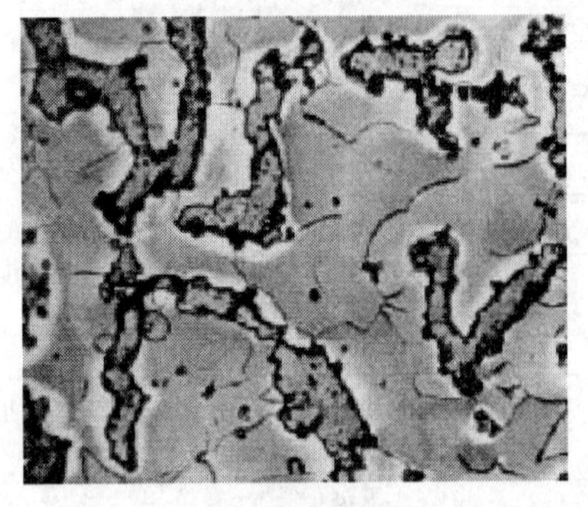

图 10-6　蠕墨铸铁中的石墨形态

二、蠕墨铸铁的显微组织

蠕墨铸铁的显微组织特征是蠕虫状的石墨分布在各种基体上，石墨具有介于片状和球状之间的中间形态，在光学显微镜下为互不相连的短片，与灰铸铁的片状石墨类似。所不同的是，其石墨片的长厚比较小，端部较钝，形状如同短小的蠕虫，如图 10-6 所示。

根据蠕墨铸铁的基体组织可将其分为三类：铁素体蠕墨铸铁、铁素体＋珠光体蠕墨铸铁、珠光体蠕墨铸铁。

三、蠕墨铸铁的性能

蠕墨铸铁是一种新型高强铸铁材料。它的强度接近于球墨铸铁，并且有一定的韧性、较高的耐磨性；同时又有和灰铸铁一样的良好的铸造性能和导热性。

四、蠕墨铸铁的应用及牌号

蠕墨铸铁牌号、性能以“RuT”表示，其后的数字表示最低抗拉强度，如 RuT300、RuT420。蠕墨铸铁已成功地用于高层建筑中高压热交换器、内燃机、汽缸和缸盖、汽缸套、钢锭模、液压阀等铸件，见表 10-3。

表 10-3　蠕墨铸铁的牌号及应用

牌号	基体组织	最小抗拉强度（MPa）	最小伸长率（%）	应用举例
RuT260	铁素体	260	3.0	汽车底盘零件、增压器、废弃进气壳体等
RuT300	铁素体＋珠光体	300	1.5	排气管、汽缸盖、液压件、钢锭模等
RuT340	铁素体＋珠光体	340	1.0	飞轮、制动鼓、重型机床零件、起重机卷筒等
RuT380	珠光体	380	0.75	活塞环、制动盘、汽缸套、玻璃模具等
RuT420	珠光体	420	0.75	

五、蠕墨铸铁的热处理

蠕墨铸铁在铸造状态时，基体中有大量的铁素体，退火可以增加基体中铁素体的数量或消除铸件薄壁处的白口组织；正火可以增加基体中珠光体的数量，提高强度和耐磨性。

第五节　可锻铸铁

可锻铸铁是白口铸铁经石墨化退火而获得的一种铸铁。铸铁中石墨呈团絮状分布，对基体破坏作用减弱，具有较高的力学性能，尤其具有较高的塑性和韧性，因此称为可锻铸铁，实际不可锻。

一、可锻铸铁的生产过程

可锻铸铁的生产过程分两步：第一步获得白口铸铁，第二步经高温长时间石墨化退火处理，使渗碳体分解出团絮状石墨。

(1) 先铸造纯白口铸铁，不允许有石墨出现，否则在随后的退火中，碳在已有的石墨上沉淀，得不到团絮状石墨。

(2) 进行长时间的石墨化退火处理。将白口铸铁加热到900～960℃，长时间保温，使共晶渗碳体分解为团絮状石墨，完成第一阶段的石墨化过程。随后以较快的速度（100℃/h）冷却，通过共析转变温度区得到珠光体基体的可锻铸铁。若第一阶段石墨化保温后慢冷，使奥氏体中的碳充分析出，完成第二阶段石墨化，并在冷至720～760℃后继续保温，使共析渗碳体充分分解，完成第三阶段石墨化，在650～700℃出炉冷却至室温，可以得到铁素体基体的可锻铸铁。

二、可锻铸铁的化学成分

为了保证获得白口铸铁，必须降低可锻铸铁中碳、硅的质量分数，否则，由于碳、硅的质量分数过高，强烈促进石墨化，结果在铸铁的铸态组织中将有片状石墨形成，并在石墨化退火时，从渗碳体中分解出的石墨会依附于已有的片状石墨上生成，而得不到团絮状石墨，且石墨的数量增多，使铸铁的力学性能下降；若可锻铸铁中碳、硅的质量分数太低，则会造成石墨化退火困难，延长退火周期。目前，可锻铸铁的化学成分范围一般为

$$w_{C}=2.2\%\sim2.8\%,\quad w_{Si}=1.2\%\sim1.8\%,\quad w_{Mn}=0.4\%\sim1.2\%$$

$$w_{S}\leqslant0.2\%,\quad w_{P}\leqslant0.1\%$$

为了缩短可锻铸铁退火周期，常在浇铸前向铁液中加入少量多元复合孕育剂，进行孕育处理，孕育剂在铁液结晶时阻止石墨化进行，从而保证获得白口铸铁。在进行石墨化退火时促进石墨化，缩短退火周期。

三、可锻铸铁的组织

可锻铸铁的显微组织有铁素体和珠光体两种基体，根据基体的不同分为基体（F）+团絮状G和基体（P）+团絮状G，如图10－7所示。

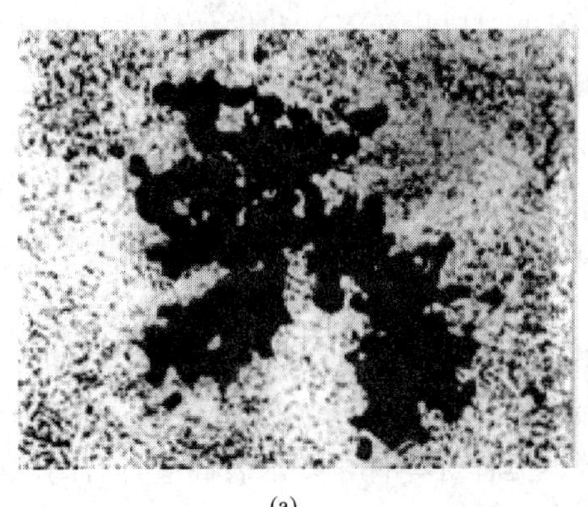

(a)

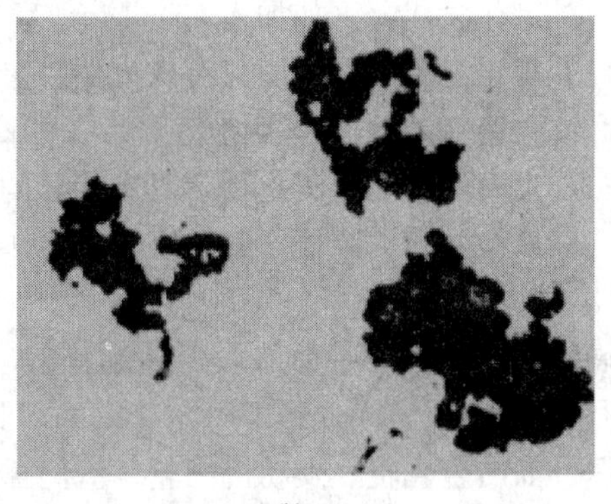

(b)

图10－7　可锻铸铁的显微组织

(a) 珠光体可锻铸铁；(b) 铁素体可锻铸铁

四、可锻铸铁的牌号、力学性能及应用

可锻铸铁的牌号为：铁素体可锻铸铁以“KTH”表示，珠光体可锻铸铁以“KTZ”表

示。其后的两组数字表示最低抗拉强度和延伸率，如 KTH350－10、KTZ600－3。常用可锻铸铁的牌号、力学性能及应用见表 10－4。

表 10－4　可锻铸铁的牌号、力学性能及应用

牌号	基体组织	最小抗拉强度（MPa）	最小伸长率（%）	应用举例
KTH300－06	铁素体（黑心可锻铸铁）	300	6	中低压阀门、管道配件等
KTH330－08		330	8	车轮壳、钢丝绳衔头、犁刀等
KTH350－010		350	10	汽车差速器壳、前后轮壳、转向节壳、制动器、铁道零件等
KTH370－012		370	12	
KTZ450－06	珠光体（珠光体可锻铸铁）	450	6	适用于承受较高载荷、耐磨损且要求有一定韧性的重要零件，如曲轴、凸轮轴、连杆、齿轮、活塞环、摇臂、棘轮、扳手等
KTZ550－04		550	4	
KTZ650－02		650	2	
KTZ000－02		700	2	

第六节　合　金　铸　铁

在铸铁中加入某些合金元素，得到一些具有各种特殊性能的合金铸铁，称为合金铸铁。常见的合金铸铁有耐磨铸铁、耐热铸铁、耐蚀铸铁。

一、耐磨铸铁

1. 耐磨灰铸铁

在灰铸铁中加入少量合金元素磷、钒、铬、钼、锑、稀土等，可以增加金属基体中珠光体数量，且使珠光体细化；同时也细化了石墨，使铸铁的强度和硬度升高，大大提高了铸铁的耐磨性。这类铸铁如磷铜钛铸铁、铬钼铜铸铁、稀土磷铸铁等，具有良好的润滑性和抗咬合、抗擦伤能力，可广泛用于制造要求高耐磨的机床导轨、汽缸套、活塞环、凸轮轴等零件。

2. 抗磨白口铸铁

通过控制化学成分（如加入 Cr、Mo、V 等促进白口化元素）和增加铸件冷却速度，可以使铸件获得没有游离石墨而只有珠光体、渗碳体和碳化物组成的组织，这种白口组织具有高硬度和高耐磨性。例如，含铬大于 12%的高铬白口铸铁，经热处理后基体可为高强度的马氏体；加上高硬度的铬碳化物，具有优异的抗磨料磨损性能。抗磨白口铸铁广泛应用于制造犁铧、杂质泵叶轮、泵体、各种磨煤机、矿石破碎机、水泥磨机、磨球、叶片等零件。

3. 冷硬铸铁（激冷铸铁）

冷硬铸铁实质上是一种加入少量硼、铬、钼、碲等元素的低合金铸铁经表面激冷处理（工艺中用冷的金属铸模成形即可）获得的，其表面有一定深度的白口层，而心部仍为正常铸铁组织。如冶金轧辊、发动机凸轮、汽门摇臂、挺杆等零件，要求表面应具有高硬度和高耐磨性且心部应具有一定的韧性，就可以采用冷硬铸铁制造。

4. 中锰抗磨球墨铸铁

当含锰量在 5%～7%时，基体部分主要为马氏体；当含锰量增加到 7%～9%时，基体部分主要为奥氏体；同时组织中还存在有复合型的碳化物（Fe，Mn)$_3$C。马氏体和碳化物具有高的硬度，是一种良好的抗磨组织；奥氏体加工硬化显著，使铸件表面硬度升高，提高耐磨性，而其心部仍具有一定韧性。所以中锰抗磨球铁具有较高的机械性能，良好的抗冲击性和抗磨性。中锰抗磨球墨铸铁可用于制造磨球、煤粉机锤头、机引犁铧、拖拉机履带板等耐冲击、耐磨零件。

二、耐热合金铸铁

普通灰铸铁的耐热性较差，工作温度小于400℃。研究表明，普通铸铁的高温失效形式主要有在反复加热冷却过程中相变、氧化引起铸铁的生长和微裂纹形成扩展。其中，铸铁生长是指其在反复加热冷却时产生的不可逆体积长大现象，其主要原因是氧化性气体沿石墨边界或裂纹渗入内部产生内氧化，或铸铁中的渗碳体高温分解为密度小体积大的石墨和铸铁基体的其他组织转变。

为提高铸铁耐热性可以采取以下两方面措施：

(1) 合金化。在铸铁中加入硅、铝、铬等合金元素，可使铸铁表面形成一层致密的稳定性很高的氧化膜，阻止氧化气氛渗入铸铁内部产生内氧化；通过合金化获得单相铁素体或奥氏体基体，使其在工作温度范围内不发生相变，从而减少因相变而引起的铸铁生长和微裂纹。

(2) 球化处理或变质处理。经过球化处理或变质处理，使石墨转变成球状和蠕虫状，提高铸铁金属基体的连续性，减少氧化气氛渗入铸铁内部的可能性，有利于防止铸铁内氧化和生长。

常用的耐热铸铁有中硅耐热铸铁（RTSi－5.5）、中硅球墨铸铁（RTQSi－5.5）、高铝耐热铸铁（RTA1－22）、高铝球墨铸铁（RTQA1－22）、低铬耐热铸铁（RTCr－1.5）、高铬耐热铸铁（RTCr－28）等。常用做炉栅、水泥焙烧炉零件、辐射管、退火罐、炉体定位板、中间架、炼油厂加热耐热件、锅炉燃烧嘴等。

三、耐蚀合金铸铁

提高铸铁耐蚀性的主要途径是合金化。

(1) 加入硅、铝、铬等合金元素，能在铸铁表面形成一层连续致密的保护膜。

(2) 加入铬、硅、钼、铜、镍、磷等合金元素，可提高铁素体的电极电位。

(3) 通过合金化还可以获得单相金属基体组织，减少了铸铁中的电化学腐蚀。

目前应用较多的耐蚀铸铁有高硅铸铁（STSi15）、高硅钼铸铁（STSi15Mo4）、铝铸铁（STA15）、铬铸铁（STCr28）、抗碱球铁（STQNiCrRE）等。例如，高硅铸铁具有优良的耐酸性（但不耐热的盐酸），常用做耐酸泵、蒸馏塔等；高铬铸铁具有耐酸、耐热、耐磨的特点，用于化工机械零件（如离心泵、冷凝器等）的制造。

第七节　常见的铸铁组织观察实验

一、实验目的

(1) 掌握灰铸铁、可锻铸铁及球墨铸铁中石墨形态的特征。

(2) 掌握铸铁的三种不同基体。

二、实验设备及材料

(1) XJB－4X金相显微镜。

(2) 铸铁的金相试样一套。

三、实验内容（见表 10-5）

表 10-5 铸铁显微组织观察样品状态

序号	材料	处理工艺	浸蚀剂	组织特征
1	灰铸铁（P 基）	铸态	4% HNO_3 酒精	P+片状石墨
2	灰铸铁（F 基）	铸态	4% HNO_3 酒精	F+片状石墨
3	灰铸铁（F+P 基）	铸态	4% HNO_3 酒精	F+P+片状石墨
4	球墨铸铁（F+P 基）	铸造	4% HNO_3 酒精	牛眼睛
5	可锻铸铁（F 基）	可锻化退火	4% HNO_3 酒精	F+团絮石墨

四、实验要求

用铅笔画出表 10-5 中的 5 种显微组织。每个样品都各画在一个 ϕ30mm 的圆内，并用箭头标出图中各显微组织，在圆下方标注材料名称、工艺状态、放大倍数、浸蚀剂等。

五、实验报告

(1) 从化学成分、组织、性能说明铸铁与钢的区别。

(2) 不同基体的灰铸铁性能有哪些差别？

(3) 三种铸铁的使用范围是什么？

习 题

10-1 影响铸铁石墨化的主要因素是什么？相同化学成分的铸件其机械性能是否相同？

10-2 灰铸铁有几种？石墨存在的形态对铸铁的性能有何影响？

10-3 灰铸铁最适于制造什么类型的铸件？试举十种铸铁件名称并说明不采用其他材料的原因。

10-4 何谓孕育铸铁？与普通灰铸铁有何区别？它是怎样生产的？其适用范围如何？

10-5 何谓球墨铸铁？为什么球墨铸铁是“以铁代钢”的好材料？适用于哪些铸件？

10-6 可锻铸铁是如何获得的？为什么它只适宜制作薄壁小铸件？

10-7 蠕墨铸铁显微组织和性能有何特点？是如何制造出来的？适用于何种铸件？

10-8 识别下列牌号的材料名称，并说出字母和数字所表示的含义：QT600-2、KT350-10、HT200、RuT260。

10-9 某铸件壁厚计有 5、20、52mm，其机械性能全部要求 σ_b=150MPa，若选用 HT150 牌号浇铸此件，问能否满足性能要求？

10-10 填表 10-6 比较各种铸铁。

表 10-6 题 10-10 表

类 别	石墨形状	铁水成分	机械性能特征			适用范围
			σ_b	δ（%）	a_k	
灰铸铁						
可锻铸铁						
球墨铸铁						
蠕墨铸铁						
白口铸铁						

第十一章　新　型　材　料

长期以来机械工程材料主要是以金属材料为主，这是因为金属材料有很多优良的性能，但也存在着一些缺点，如电绝缘性不好、耐蚀性差、密度大等。为了适应现代科学技术的发展，粉末冶金材料、工程塑料与橡胶、陶瓷以及复合材料正越来越多地应用在各个领域中，并且在某些领域中已经成为一类独立使用的专用材料。本章主要介绍机械工程上常用的粉末冶金材料、高分子材料、陶瓷材料以及复合材料。

第一节　粉 末 冶 金 材 料

粉末冶金材料是用粉末冶金工艺将金属粉末与非金属粉末经混合、压制、烧结后制得的多孔、半致密或全致密材料（包括制品）。粉末冶金材料具有传统熔铸工艺所无法获得的独特的化学组成和物理、力学性能，如材料的孔隙度可控、材料组织均匀、无宏观偏析（合金凝固后其截面上不同部位没有因液态合金宏观流动而造成的化学成分不均匀现象）、可一次成形等。

一、粉末冶金的特点

粉末冶金具有独特的化学组成和机械、物理性能，而这些性能是用传统的熔铸方法无法获得的。运用粉末冶金技术可以直接制成多孔、半致密或全致密材料和制品，如含油轴承、齿轮、凸轮、导杆、刀具等，是一种少无切削工艺。

（1）粉末冶金技术可以最大限度地减少合金成分偏聚，消除粗大、不均匀的铸造组织。在制备高性能稀土永磁材料、稀土储氢材料、稀土发光材料、稀土催化剂、高温超导材料、新型金属材料（如Al－Li合金、耐热Al合金、超合金、粉末耐蚀不锈钢、粉末高速钢、金属间化合物高温结构材料等）具有重要的作用。

（2）可以制备非晶、微晶、准晶、纳米晶、超饱和固溶体等一系列高性能非平衡材料，这些材料具有优异的电学、磁学、光学和力学性能。

（3）可以容易地实现多种类型的复合，充分发挥各组元材料各自的特性，是一种低成本生产高性能金属基和陶瓷复合材料的工艺技术。

（4）可以生产普通熔炼法无法生产的具有特殊结构和性能的材料和制品，如新型多孔生物材料、多孔分离膜材料、高性能结构陶瓷磨具、功能陶瓷材料等。

（5）可以实现自动化批量生产，从而可以有效地降低生产的资源和能源消耗。

（6）可以充分利用矿石、尾矿、炼钢污泥、轧钢铁鳞、回收废旧金属作原料，是一种可有效进行材料再生和综合利用的新技术。

许多常见的机加工刀具、五金磨具就是粉末冶金技术制造的。

二、粉末冶金的生产过程

（1）生产粉末。粉末的生产过程包括粉末的制取、粉料的混合等步骤。为改善粉末的成形性和可塑性通常加入汽油、橡胶、石蜡等增塑剂。

(2) 压制成形。粉末在500～600MPa压力下，压成所需形状。

(3) 烧结。烧结是在保护气氛的高温炉或真空炉中进行的。烧结不同于金属熔化，烧结时至少有一种元素仍处于固态。烧结过程中粉末颗粒间通过扩散、再结晶、熔焊、化合、溶解等一系列的物理化学过程，成为具有一定孔隙度的冶金产品。

(4) 后处理。一般情况下，烧结好的制件可直接使用。但对于某些尺寸要求精度高并且有高的硬度、耐磨性的制件还要进行烧结后处理，包括精压、滚压、挤压、淬火、表面淬火、浸油、熔渗等。

三、常用粉末冶金材料

1. 硬质合金

硬质合金是以一种或几种难熔碳化物的粉末为主要成分，加入起黏结作用的钴粉末，用粉末冶金法制得的材料。常用硬质合金按成分和性能特点分为钨钴类、钨钴钛类、钨钛钽(铌)类。

(1) 硬质合金的性能。硬度高，常温下硬度可达69～81HRC；热硬性高，可达900～1000℃。耐磨性好，其切削速度比高速工具钢高4～7倍，刀具寿命高5～80倍，可切削50HRC左右的硬质材料；抗压强度高，但抗弯强度低，韧性差；耐腐蚀性和抗氧化性良好；线膨胀系数小，但导热性差。硬质合金材料不能用一般的切削方法加工，只能采用电加工(如电火花、线切割、电解磨削等)或砂轮磨削。因此，一般是将硬质合金制品钎焊、黏结或机械夹固在刀体或模具上使用。

(2) 切削加工用硬质合金的分类和分组代号。根据GB/T 2075—2007规定，切削加工用硬质合金按其切屑排除形式和加工对象范围不同分为P、M、K三个类别，根据被加工材质及适应的加工条件不同，将各类硬质合金按用途进行分组，其代号由在主要类别代号后面加一组数字组成，如P01、M10、K20等。

(3) 硬质合金的应用。硬质合金主要用于切削刀具，如车刀、铣刀等。硬质合金中碳化物含量越多，钴含量越少，则合金硬度、热硬性、耐磨性越高，但强度、韧性越低。YG类合金适宜加工脆性材料，YT类合金适宜加工塑性材料。同类合金中含钴量高的适于粗加工，含钴量低的适于精加工。

硬质合金也用于制造冷作模具，如冷拉模、冷冲模、冷挤压模、冷镦模等。其中YG类适用于拉深模，YG6、YG8适用于小拉深模，YG15适用于大拉深模和冲压模具。

硬质合金还用于制造量具和耐磨零件，如千分尺的测量头、车床顶件尖、精轧辊、无心磨床的导板等。

近年来，钢结硬质合金作为一种新型工模具材料，得到了广泛的应用。钢结硬质合金经退火后，可进行切削加工，经淬火、回火后，有相当于硬质合金的高硬度和耐磨性、一定的耐热、耐蚀和抗氧化性，也可焊接和锻造，适用于制造形状复杂的刀具(如麻花钻、铣刀等)、模具和耐磨件。

2. 粉末冶金减摩材料

根据基体主加元素不同，粉末冶金减摩材料分为铁基材料和铜基材料。铁基减摩材料常用的有铁—石墨粉末合金和铁—硫—石墨粉末合金。前者的组织为珠光体基体＋铁素体＋渗碳体＋石墨＋孔隙，硬度30～110HBS；后者的组织除与前者的组织相同外，还有硫化物，可进一步改善减摩性，硬度为35～70HBS。铜基减摩材料常用的是青铜粉末＋石墨粉末制成的合金，硬度为20～40HBS，具有较好的导热性、耐蚀性和抗咬合性，但承压能力较铁基减摩材料小。粉末冶金减摩材料一般用于制造中速、轻载荷的轴承，尤其适宜制造不能经常加油的轴承，如纺织机械、电影机械、食品机械、家用电器等的轴承，在汽车、拖拉机、机床电机中也有应用。

3. 粉末冶金结构材料

粉末冶金结构材料根据基体金属不同，分为铁基和铜基材料。铁基材料根据化合碳量的不同分为烧结铁、烧结低碳钢、烧结中碳钢和烧结高碳钢，如果铁基材料中含有合金组元铜和钼称为烧结铜钢和烧结铜钼钢。

铁基结构材料制成的结构零件精度高，表面粗糙度值小，不需或只需少量切削加工，节省材料，生产率高，制品多孔，可浸润滑油，可以减摩、减振、消声。粉末冶金结构材料广泛应用于制造机械零件，如机床上的调整垫圈、调整环、端盖、滑块、底座、偏心轮，汽车中的油泵齿轮、差速器齿轮、止推环，拖拉机上的传动齿轮、活塞环以及接头、隔套、螺母、油泵转子、挡套、滚子等。

铜基结构材料与铁基结构材料相比抗拉强度低，塑性、韧性较高，具有良好的导电、导热和耐腐蚀性能，可进行各种镀涂处理，常用于制造体积较小、形状复杂、尺寸精度高、受力较小的仪表仪器零件及电器、机械产品零件，如小模数齿轮、凸轮、紧固件、阀、销、套等结构件。

4. 粉末冶金摩擦材料

粉末冶金摩擦材料根据基体金属不同分为铁基和铜基材料，根据工作条件不同分为干式和湿式材料，湿式材料适宜在油中工作。

粉末冶金摩擦材料由基本组元和辅助组元组成。摩擦材料的承载能力、热稳定性、耐磨性和耐热性由基本组元的成分、结构和性能来保证，辅助组元可进一步完善基体性能。铁基摩擦材料在高温高载荷下摩擦性能良好，能承受较大压力。铜基摩擦材料工艺性较好，摩擦系数稳定，抗黏、抗卡性好，湿式工作条件下耐磨性优良，常用于油中工作。

粉末冶金摩擦材料主要用于制作机床、拖拉机、汽车、矿山车辆、工程机械和飞机上的离合器和制动器。

第二节 高 分 子 材 料

高分子材料是以高分子化合物为基础的材料，包括橡胶、塑料、纤维、涂料、胶黏剂和高分子基复合材料。高分子材料按来源分为天然的和合成的高分子材料。天然高分子材料是生命起源和进化的基础。人类社会一开始就利用天然高分子材料作为生活资料和生产资料，并掌握了其加工技术，如利用蚕丝、棉、毛织成织物，用木材、棉、麻造纸等。1907年出现合成高分子酚醛树脂，标志着人类应用合成高分子材料的开始。现代，高分子材料已与金属材料、无机非金属材料相同，成为科学技术、经济建设中的重要材料。

一、工程材料

（一）塑料的组成

塑料是以合成树脂为主要原料，加入必要的添加剂，在一定的温度和压力条件下，塑制而成的具有一定塑性的材料。塑料的主要成分是树脂，塑料的性质主要由树脂决定。为了满足各种实际应用的要求，往往要加入必要的添加剂，以改善性能，塑料中常用到的添加剂有以下几种。

1. 填充剂

填充剂可改善塑料的强度、刚性、抗冲击韧性、耐热性等物理、机械性能。一般选用碳纤维、玻璃纤维、石墨、云母、辉绿岩粉、金属粉等，所用质量分数一般在50%以下。

2. 稳定剂

稳定剂可抑制塑料在加工和使用过程中，因光和热等的作用引起的性质变化，延长其使用寿命。常用的有硬脂酸钡、硬脂酸铅等金属盐和紫外线吸收剂等。

3. 增塑剂

增塑剂可使塑料在加工过程中易于塑化，增加制品的柔软性。例如，邻苯二甲酸二丁酯、邻苯二甲酸二辛酯、癸二酸二辛酯、磷酸三丁酯等。

4. 着色剂

着色剂可改变塑料制品的色泽。

5. 润滑剂

润滑剂用以防止塑料在加工过程中黏附于模具和设备上，以便于脱模，使制品的表面光洁。常用的润滑剂有硬脂酸及其盐等。

(二) 塑料的分类

塑料的种类很多，有多种分类方法，常按其受热后的性能变化，分为热塑性塑料和热固性塑料两大类。

1. 热塑性塑料

(1) 聚氯乙烯（PVC）。聚氯乙烯是应用最广的塑料品种。聚氯乙烯树脂是由聚氯乙烯单体聚合而成的。按照其增塑剂用量的不同，分为硬聚氯乙烯和软聚氯乙烯。硬聚氯乙烯的相对密度1.35～1.60，是碳钢的1/5；软聚氯乙烯的相对密度为1.2～1.4。硬聚氯乙烯的吸水率很低，长期浸于水中的吸水率小于0.5%；浸水24h，吸水率为0.05%。聚氯乙烯的透气率很低。

(2) 聚乙烯（PE）。聚乙烯是乙烯单体的聚合体。按其聚合条件的不同，可以分为高压聚乙烯、中压聚乙烯和低压聚乙烯。

高压聚乙烯分子内有较多的支链，相对密度较小，故又称为低密度聚乙烯；低压聚乙烯分子内的支链较少，相对密度较大，所以又称为高密度聚乙烯。由中压法也可以制得高密度聚乙烯。聚乙烯的物理机械性能受其结晶度的影响较大。它属于非极性高分子化合物，分子间作用力较小，因此其抗拉强度只有硬聚氯乙烯的20%～65%，弹性模量只有硬聚氯乙烯的5%～25%。其玻璃化温度较低（−68℃），因此它的抗冲击性能和韧性比聚氯乙烯强。在无载荷和短期内，高密度聚乙烯可耐100℃，低密度聚乙烯可耐75℃；在高温和高载荷作用下，产生变形，长期使用不可超过65℃。耐寒性较好，最低使用温度为−70℃。耐蚀性优良，对非氧化性酸（盐酸、稀硫酸、氢氟酸等）、稀硝酸、碱和盐溶液具有良好耐腐蚀性。

在常温下，脂肪烃、芳香烃、卤代烃等有机溶剂能使其溶胀。它可以耐受60℃以下的其他大多数溶剂。但是，当有内外应力时，有些挥发性溶剂和它的蒸汽以及某些表面活性剂会使聚乙烯发生环境应力开裂。空气中的氧会使聚乙烯缓慢降解、褪色甚至变脆、开裂，热、紫外线、高能辐射会加速这种变化。含质量分数2%的炭黑的聚乙烯的抗紫外线能力较强。

(3) 聚四氟乙烯（PTFE）。含氟的塑料统称氟塑料。常用的有聚四氟乙烯（简称 F-4）、聚三氟氯乙烯（简称 F-3）、聚全氟乙丙烯（简称 F-46）等。

聚四氟乙烯是非极性线性结晶态高聚物，强度中等，弹性模量较低，断裂延伸率较高，其制品在长时间连续载荷下会发生可塑性形变。在高温或低温下，其机械性能比一般塑料优越。与金属相同，在反复应力作用下，存在一定的应力极限，可在此极限内长期反复使用，不产生断裂。聚四氟乙烯的热性能优良，耐高温和低温的性能优于其他塑料，可在 260～280℃下，长期连续工作。聚四氟乙烯可以抗拒强腐蚀性和强氧化性介质的作用，它耐发烟硫酸、浓硝酸、浓盐酸、氢氟酸、沸腾氢氧化钠、过氧化氢、氯气甚至王水的腐蚀，耐醇、醛、酮等有机溶剂的侵蚀。其耐候性极好，能抗氧和紫外线的作用。因此，它具有“塑料王”之称。

聚四氟乙烯的摩擦系数很低，接近于冰块之间的摩擦系数，静摩擦系数是塑料中最小的，具有良好的自润滑性，适用于作为密封和摩擦零部件。

2. 热固性塑料

以热固性树脂为基本成分，一般具有网状的体型结构，受热时软化或塑化，发生化学变化，并固化定型，固化定型后如再次受热，不再熔化，受强热会分解，不可反复塑制。

热固性树脂有环氧树脂、酚醛树脂、不饱和聚酯、呋喃树脂等，常用做玻璃钢的粘接料。常用的热固性塑料有酚醛塑料、氨基塑料等。

(1) 酚醛塑料。酚醛塑料是世界上最早合成的热固性塑料，是最重要的热固性塑料的一类，一般又分为非层压酚醛塑料和层压酚醛塑料两类。

非层压酚醛塑料又分为铸塑酚醛塑料和压制酚醛塑料。还有主要用做耐酸材料的石棉酚醛塑料、隔音和隔热用的酚醛泡沫塑料与蜂窝塑料等。

(2) 氨基塑料。氨基塑料是以氨基树脂为基本成分的热固性塑料，包括脲—醛塑料、三聚氰胺—甲醛塑料、苯胺—甲醛塑料等。脲—醛塑料用于制作电工材料和生活日用品；三聚氰胺—甲醛塑料具有较好的耐水性和耐电弧性，适于作电绝缘材料；苯胺—甲醛塑料具有良好的耐水性、耐油性和较高的介电性能，也适于作绝缘材料。

此外，还有一些其他的工程塑料。

在制订有关塑料设备与制品的清洗工艺路线时，应了解相关塑料的物理机械性能和耐化学品性能。

(三) 塑料的特性

1. 化学性能

塑料在水、水蒸气、酸、碱、盐、汽油等化学介质中大多比较稳定，不起化学变化。在某些强腐蚀性介质中，有的塑料的耐蚀性甚至超过某些贵金属。因此，在工业生产中，许多设备是由塑料制造的。所谓“塑料王”——聚四氟乙烯，在很宽的温度范围内，对许多强腐蚀性的化学介质，甚至王水是稳定的。因此，塑料广泛用于制造在腐蚀条件下的零部件和化工机械零件。

2. 物理性能

(1) 密度。塑料密度小。无填料塑料的相对密度为 0.85～2.20g/cm^3，是钢铁的 1/8～1/4；有填料的塑料的相对密度也只有铝的 1/2。

(2) 热性能。塑料的热性能不好，耐热性差。大多数塑料的耐热性差，一般只可在100℃以下使用，有的使用温度不能超过60℃，少数可以在200℃左右的条件下使用。高于这些温度，塑料即软化、变形、甚至丧失使用性能。

(3) 电性能。大多数塑料具有优良的电绝缘性，在高频电压下，可以作为电容器的介电材料和绝缘材料，也可以应用于电视、雷达等装置中。

3. 力学性能

塑料的强度、刚度和韧性一般较差，其强度为30～150MPa，且受温度的影响较大。塑料的刚度仅为钢的1/10，所以塑料只能作受力不大的构件。但塑料的密度小，故比强度（材料拉伸强度与密度之比）比较高。

塑料的硬度虽低于金属，但摩擦系数小，润滑性好。由塑料制成的机械传动部件，机械动力的损耗小，有的甚至可以不加润滑剂，或用水润滑即可。这是金属材料所无法相比的。

大多数塑料比金属容易变形，这是作为工程材料的塑料的最大缺点。金属材料在较高温度下，才有显著的蠕变现象，而塑料即使在室温下，经过长时间受力，也会缓慢变形并随温度升高，蠕变加剧。热塑性塑料的蠕变更为严重。添加填料，或使用金属、玻璃纤维、碳纤维等增强材料的塑料，可使所受外力分布到较大的面积上，蠕变会减轻。

常用工程材料的特性及应用见表11-1。

表11-1　常用工程材料的特性及应用

名称（代号）	主要特性	用途举例
	热塑性塑料	
聚乙烯（PE）	高压聚乙烯柔软、透明、无毒；低压聚乙烯刚硬、耐磨、耐蚀，电绝缘性较好	高压聚乙烯，薄膜、软管、塑料瓶；低压聚乙烯，化工设备、管道、承载不高的齿轮、轴承等
聚丙烯（PP）	强度、硬度、弹性均高于聚乙烯，密度小，耐热性良好，电绝缘性能和耐蚀性能优良，韧性差，不耐磨，易老化	法兰、齿轮、风扇叶轮、泵叶轮、把手、电视机（收录机）壳体以及化工管道、容器、医疗器械等
聚氯乙烯（PVC）	较高的强度和较好的耐蚀性。软质聚氯乙烯，其伸长率高，制品柔软，耐蚀性和电绝缘性良好	废气排污排毒塔、气体液体输送管，离心泵、通风机、接头；软质PVC用于制作：薄膜、雨衣、耐酸碱软管、电缆包皮、绝缘层等
聚苯乙烯（PS）	耐蚀性、电绝缘性、透明性好，强度、刚度较大，耐热性、耐磨性不高，抗冲击性差，易燃、易脆裂	纱管、纱锭、线轴；仪表零件、设备外壳；储槽、管道、弯头；灯罩、透明窗；电工绝缘材料等
ABS塑料	较高强度和冲击韧度，良好的耐磨性和耐热性，较高的化学稳定性和绝缘性，易成形，机械加工性好，耐高、低温性能差，易燃，不透明	齿轮、轴承、仪表盘壳、冰箱衬里以及各种容器、管道、飞机舱内装饰板、窗框、隔音板等，也可制造小轿车车身及挡泥板、扶手、热空气调节导管等汽车零件
聚酰胺（PA）（尼龙或锦纶）	强度、韧性、耐磨性、耐蚀性、吸振性、自润滑性良好，成形性好，无毒、无味。蠕变值较大，导热性较差，吸水性高，成形收缩率大	尼龙610、66、6等，制造小型零件（齿轮、蜗轮等）；芳香尼龙制作高温下耐磨的零件、绝缘材料、宇宙服等。应注意，尼龙吸水后性能及尺寸发生很大变化

续表

名称（代号）	主要特性	用途举例
热塑性塑料		
聚碳酸酯（PC）	抗拉、抗弯强度高，冲击韧度及抗蠕变性能好，耐热性、耐寒性及尺寸稳定性较高，透明度高，吸水性小，良好的绝缘性和加工成形性，化学稳定性差	垫圈、垫片、套管、电容器等绝缘件；仪表外壳、护罩；航空及宇航工业中制造信号灯、挡风玻璃、座舱罩、帽盔等
聚四氟乙烯（塑料王）（PTFE）	优异的耐化学腐蚀性，优良的耐高、低温性能，摩擦因数小，吸水性小，硬度、强度低，抗压强度不高，成本较高	减摩密封零件、化工耐蚀零件与热交换器以及高频或潮湿条件下的绝缘材料，如化工管道、电气设备、腐蚀介质过滤器等
聚甲基丙烯酸甲酯（有机玻璃）（PMMA）	透光率92%，相对密度为玻璃的一半，强度、韧性较高，耐紫外线、防大气老化，易成形，硬度不高，不耐磨，易溶于有机溶剂，耐热性、导热性差，膨胀系数大	飞机座舱盖、炮塔观察孔盖、仪表灯罩及光学镜片，防弹玻璃、电视和雷达标图的屏幕、汽车风挡、仪器设备的防护罩等
热固性塑料		
酚醛塑料（PE）	一定的强度和硬度，较高的耐磨性、耐热性，良好的绝缘性和耐蚀性，刚度大，吸湿性低，变形小，成形工艺简单，价格低廉。缺点是质脆，不耐碱	插头、开关、电话机、仪表盒、汽车刹车片、内燃机曲轴、皮带轮、纺织机和仪表中的无声齿轮、化工用耐酸泵、日用用具等
环氧塑料（EP）	比强度高，韧性较好，耐热、耐寒、耐蚀、绝缘、防水、防潮、防霉，良好的成形工艺性和尺寸稳定性。有毒，价格高	塑料模具、精密量具、灌封电器、配制飞机漆、油船漆、罐头涂料、印刷线路等

二、橡胶

橡胶也是一种高分子材料，是高聚物中具有高弹性的一种物质。橡胶除了有较好的高弹性外，还具有很高的可挠性、良好的耐磨性、电绝缘性、隔音性及减振性。

橡胶应用广泛，可制作轮胎、密封元件、传动件等。

1. 橡胶的分类

根据原料来源不同，橡胶分为天然橡胶与合成橡胶两种。天然橡胶是从橡胶树、橡胶草等植物中提取胶质后加工制成；合成橡胶则由各种单体经聚合反应而得。

根据用途不同，橡胶可分为通用橡胶和特种橡胶，通用橡胶主要用于制作轮胎、输送带、胶管等，主要品种有丁苯橡胶、氯丁橡胶、乙丙橡胶等。特种橡胶主要用于制作高温、低温、酸、碱、油和辐射条件下工作的橡胶制品，主要品种有丁腈橡胶、硅橡胶、氟橡胶等。

2. 橡胶的组成

根据制品的性能要求，考虑加工工艺性能、成本等因素，将生胶和配合剂组合在一起就形成橡胶。一般的配合体系包括生胶、硫化体系、补强体系、防护体系、增塑体系等。有时还包括其他一些特殊的体系，如阻燃、着色、发泡、抗静电、导电等。

（1）生胶（或与其他高聚物并用）：母体材料或基体材料。

（2）硫化体系：与橡胶大分子起化学作用，使橡胶由线性大分子变为三维网状结构，提高橡胶性能、稳定形态的体系。

(3) 补强填充体系：在橡胶中加入炭黑等补强剂或其他填充剂，或者提高其力学性能，改善工艺性能，或者降低制品成本。

(4) 防护体系：加入防老剂，延缓橡胶的老化，提高制品的使用寿命。

(5) 增塑体系：降低制品硬度和混炼胶的黏度，改善加工工艺性能。

3. 橡胶的加工工艺过程

无论什么橡胶制品，都要经过混炼和硫化这两个过程。对许多橡胶制品，如胶管、胶带、轮胎等，还需经过压延、压出这两个过程，对黏度比较高的生胶，还要塑炼。因此，橡胶加工中最基础、最重要的加工过程包括以下几个阶段。

(1) 塑炼：降低生胶的分子量，增加塑性，提高可加工性。

(2) 混炼：使配方中各个组分混合均匀，制成混炼胶。

(3) 压延：混炼胶或与纺织物、钢丝等骨架材料通过压片、压型、贴合、擦胶、贴胶等操作制成一定规格的半成品的过程。

(4) 压出：混炼胶通过口型压出各种断面的半成品的过程，如内胎、胎面、胎侧、胶管等。

(5) 硫化：橡胶加工的最后一道工序，通过一定的温度、压力和时间后，使橡胶大分子发生化学反应产生交联的过程。

常用橡胶及应用见表 11-2。

表 11-2 常用橡胶及应用

品种	性能特点	主要用途
天然橡胶（NR）	弹性大、伸长力高、抗撕裂性和电绝缘性优良，耐磨性和耐寒性良好，加工性能佳，易与其他材料黏合，在综合性能方面优于多数合成橡胶。缺点耐氧及臭氧性差，容易老化变质，耐油和耐溶剂性不好，抵抗酸碱腐蚀能力差，耐热性不高，不适用于100℃以上环境	轮胎、胶鞋、胶管、胶带、电线电缆的绝缘护套及其他通用场所
丁苯橡胶（SBR）	性能接近天然橡胶，是目前产量最大的通用合成橡胶，耐磨性、耐老化性、耐热性优于天然橡胶，质地比天然橡胶均匀；但弹性较低，抗曲绕、抗撕裂性能差，加工性能差，特别是自黏性差、生胶强度低，制成的轮胎使用时发热量大、寿命较短	代替天然橡胶制作轮胎、胶板、胶管、胶带及其他通用场所
顺丁橡胶（BR）	结构与天然橡胶基本一致，弹性与耐磨性优良，耐老化性好，耐低温性好，动负荷发热量小，易与金属黏合；但强力较低，抗撕裂性差，加工与自黏性差，产量仅次于丁苯	与天然或丁苯橡胶混用，制作轮胎胎面、运输带和特殊耐寒制品
异戊橡胶（IR）	化学组成、立体结构均与天然橡胶相似，性能也非常接近，故也称合成天然橡胶。具有天然橡胶的大部分优点，耐老化性优于天然橡胶，但弹性和强力比不上，加工性差，成本高	可代替天然橡胶制作轮胎、胶板、胶管、胶带及其他通用场所
氯丁橡胶（CR）	含有氯原子，有抗氧、臭氧性，不易燃、着火后能自灭，耐油、溶剂、酸碱、老化，气密性好，物理机械性能同天然橡胶。可作通用橡胶和特殊橡胶使用。但耐寒性差、比重大、成本较高，电绝缘性差，加工性差；生胶稳定性差、不易保存。产量次于 SBR、BR，居第 3 位	抗臭氧、耐老化性高的重型电缆护套，耐油、化学腐蚀的胶管、胶带、化工设备衬里，地下设备及各种垫圈、密封圈、黏结剂

续表

品种	性能特点	主要用途
丁基橡胶（IIR）	气密性小，耐臭氧、老化，耐热较高（长期工作130℃以下），能耐强酸和一般有机溶剂，吸振及阻尼性能良好、电绝缘性好，但弹性差、加工性能差、硫化速度慢、黏着性和耐油性差	内胎、水胎、气球、电缆绝缘层化工设备衬里及防振、耐热运输带、耐热耐老化胶布
丁腈橡胶（NBR）	耐油、耐热性好，气密、耐磨、耐水性较好，黏结力强；但耐寒、耐臭氧性较差，弹力和强力低，耐酸性、电绝缘性差，耐极性溶剂性能差	制作各种耐油制品（胶管、密封圈、储油槽衬里）耐热运输带
乙丙橡胶（EPM）	比重最小（0.865）颜色最浅，成本较低。耐化学稳定性最好（浓硝酸外）耐臭氧、老化性好，电绝缘性好，耐热（150℃），耐极性溶剂（酮、脂，但不耐脂肪酸及芳香烃）容易着色并稳定；但黏着性差、硫化速度慢；综合性能略次于天然橡胶而优于丁苯胶	化工设备衬里、电线电缆包皮、蒸汽胶管、耐热运输带、汽车配件及其他工业制品
硅橡胶（Si）	无毒无味，耐高低温（−100～300℃），电绝缘性好，耐氧化和臭氧，化学惰性大；但机械强度低、耐油、耐溶剂、耐酸碱性差，难硫化，价格较贵	高低温制品（胶管、密封件）高温电缆绝缘层、食品及医药工业
氟橡胶（FPM）	耐高温（300℃），耐油，耐酸碱，抗辐射，高真空性，电绝缘性，机械性能，耐化学药品腐蚀，耐臭氧，耐老化，综合性能好；但加工性差，价格高，耐寒性差，弹性透气性低	国防及要求高的密封场所。气门密封圈

第三节 陶 瓷 材 料

陶瓷材料是用天然或合成化合物经过成形和高温烧结制成的一类无机非金属材料。它具有高熔点、高硬度、高耐磨性、耐氧化等优点，可用做结构材料、刀具材料。由于陶瓷还具有某些特殊的性能，又可作为功能材料。

一、陶瓷的分类

陶瓷材料分为普通陶瓷（传统陶瓷）材料和特种陶瓷（现代陶瓷）材料两大类。

普通陶瓷材料是指采用天然原料如长石、黏土、石英等烧结而成，是典型的硅酸盐材料，主要组成元素是硅、铝、氧。普通陶瓷来源丰富、成本低、工艺成熟。这类陶瓷按性能特征和用途又可分为日用陶瓷、建筑陶瓷、电绝缘陶瓷、化工陶瓷等。

特种陶瓷材料是指采用高纯度人工合成的原料，利用精密控制工艺成形烧结制成，一般具有某些特殊性能，以适应各种需要。根据其主要成分，有氧化物陶瓷、氮化物陶瓷、碳化物陶瓷、金属陶瓷等。特种陶瓷具有特殊的力学、光、声、电、磁、热等性能。

二、陶瓷的性能特点

1. 力学性能

陶瓷材料是工程材料中刚度最好、硬度最高的材料，其硬度大多在1500HV以上。陶瓷的抗压强度较高，但抗拉强度较低，塑性和韧性很差。

2. 热学性能

陶瓷材料一般具有很高的熔点（大多在2000℃以上），且在高温下具有极好的化学稳定性；陶瓷的导热性低于金属材料，陶瓷还是良好的隔热材料。同时陶瓷的线膨胀系数比金属低，当温度发生变化时，陶瓷具有良好的尺寸稳定性。

3. 电学性能

大多数陶瓷具有良好的电绝缘性，因此大量用于制作各种电压（1～110kV）的绝缘器件。铁电陶瓷（钛酸钡 $BaTiO_3$）具有较高的介电常数，可用于制作电容器，铁电陶瓷在外电场的作用下，还能改变形状，将电能转换为机械能（具有压电材料的特性），可用做扩音机、电唱机、超声波仪、声呐、医疗用声谱仪等。少数陶瓷还具有半导体的特性，可作整流器。

4. 化学性能

陶瓷材料在高温下不易氧化，并对酸、碱、盐具有良好的抗腐蚀能力。

5. 光学性能

陶瓷材料还具有独特的光学性能，可用做固体激光器材料、光导纤维材料、光储存器等，透明陶瓷可用于高压钠灯管等。磁性陶瓷（铁氧体如 $MgFe_2O_4$、$CuFe_2O_4$、Fe_3O_4）在录音磁带、唱片、变压器铁芯、大型计算机记忆元件方面的应用有着广泛的前途。

三、常用工业陶瓷

1. 普通陶瓷

普通陶瓷产量大，质地坚硬，具有良好的抗氧化性、耐腐蚀性和绝缘性，成本低，加工成形性好，但强度低。广泛用于日用、电器、化工、建筑、纺织行业，如化工用的耐酸容器、管道等，日常生活用的餐具、装饰瓷等。

2. 特种陶瓷

(1) 氧化铝陶瓷。氧化铝陶瓷主要组成物为 Al_2O_3。氧化铝陶瓷具有各种优良的性能，耐高温，耐腐蚀，高强度，其缺点是脆性大，不能接受突然的环境温度变化。用途极为广泛，可用做坩埚、发动机火花塞、高温耐火材料、热电偶套管、密封环等，也可作刀具和模具。

(2) 氮化硅陶瓷。氮化硅陶瓷主要组成物是 Si_3N_4，这是一种高温强度高、高硬度、耐磨、耐腐蚀并能自润滑的高温陶瓷，线膨胀系数在各种陶瓷中最小，使用温度高达1400℃，具有极好的耐腐蚀性，除氢氟酸外，能耐其他各种酸的腐蚀，并能耐碱、各种金属的腐蚀，并具有优良的电绝缘性和耐辐射性。可用做高温轴承、在腐蚀介质中使用的密封环、热电偶套管，也可用做金属切削刀具。

(3) 碳化硅陶瓷。碳化硅陶瓷主要组成物是 SiC，这是一种高强度、高硬度的耐高温陶瓷，在1200～1400℃使用仍能保持高的抗弯强度，是目前高温强度最高的陶瓷。碳化硅陶瓷还具有良好的导热性、抗氧化性、导电性和高的冲击韧度，是良好的高温结构材料，可用于火箭尾喷管喷嘴、热电偶套管、炉管等高温下工作的部件；利用它的导热性可制作高温下的热交换器材料；利用它的高硬度和耐磨性制作砂轮、磨料等。

(4) 氮化硼陶瓷。氮化硼陶瓷主要成分为 BN，按氮化硼的晶体结构不同分为六方和立方两种。立方氮化硼的硬度仅次于金刚石，常作磨料和高速切削刀具。六方氮化硼的结构和性能与石墨相似，故有“白石墨”之称，硬度较低，可以进行切削加工，具有自润滑性，可制成自润滑高温轴承、玻璃成形模具等。

常用工业陶瓷的组成、特性及应用见表 11－3。

表 11－3　　常用工业陶瓷的组成、特性及应用

种类	主要组成	性能特征	用途
耐热材料	MgO、ThO_2	热稳定性高	耐火材料
	SiC、Si_3N_4	高温强度高	燃汽轮机叶片、火焰导管、火箭喷嘴等
高硬度材料	SiC、Al_2O_3	高强性模量	复合材料用纤维
	Tic、B_4C、BN	高硬度	切削刀具、模具等
介电材料	Mg_2SiO_4、Al_2O_3	绝缘性	集成电路基板
	$PbTiO_3$、$BaTiO_3$	热电性	热敏电阻
	$PbTiO_3$、$LiNbO_3$	压电性	振荡器
	$BaTiO_3$	强介电性	电容器
光学材料	Al_2O_3CrNd 玻璃	荧光、发光性	激光
	CaAs、CdTe	红外透过性	红外线窗口
	SiO_2	高透明度	光导纤维
	WO_3	电发色效应	显示器
磁性材料	$ZnFe_2O$、$\gamma-Fe_2O_3$	软磁性	磁带、磁盘
	$SrO \cdot 6Fe_2O_3$	硬磁性	电声器件、仪表及控制器件的磁芯
半导体材料	CdS、Ca_2Sx	光电效应	太阳能电池
	VO_2、NiO	阻抗温度变化效应	温度传感器
	LaB_6、BaO	热电子放射效应	热阴极

第四节　复　合　材　料

复合材料是由两种或两种以上不同性质的材料，通过物理或化学的方法，在宏观上组成具有新性能的材料。各种材料在性能上互相取长补短，产生协同效应，使复合材料的综合性能优于原组成材料而满足各种不同的要求。

一、复合材料的分类及性能特点

1. 复合材料的分类

(1) 按基体类型分类。按基体类型，可分为树脂基复合材料、金属基复合材料、陶瓷基复合材料。

(2) 按增强剂的性质和形状分类。按增强剂的性质和形状，可分为纤维增强复合材料、粒子增强复合材料、层叠复合材料。

(3) 按材料的用途分类。按材料的用途可分为结构复合材料和功能复合材料。结构复合材料是利用其力学性能特点如强度、硬度、韧性等，来制作各种结构件或机械零件。功能复合材料是利用其物理性能如光、电、磁、热等，制作各种结构件，如双金属片，就是利用不同膨胀系数的金属复合在一起而成的具有热功能性质的材料。

2. 复合材料的性能特点

(1) 高比强度和高比模量（刚度）。在复合材料中，一般作为增强剂的物质都采用了强度很高的纤维，而复合后材料密度较小，所以与传统的单一材料相比，复合材料具有很高的比强度和比模量。

比强度、比模量是材料的强度或模量与其密度之比。材料的比强度越高，制作同一零件则自重越小；材料的比模量越高，零件的刚度越大。

(2) 良好的高温性能。复合材料可以在广泛的温度范围内使用，同时其使用温度均高于复合材料基体。目前，聚合物基复合材料的最高耐温上限为350℃；金属基复合材料按不同的基体性能，其使用温度在350～1100℃范围内变动；陶瓷基复合材料的使用温度可达1400℃，而碳—碳复合材料的使用温度最高，可高达2800℃。

(3) 良好的尺寸稳定性。加入增强体到基体材料中不仅可以提高材料的强度和刚度，而且可以使其热膨胀系数明显下降。通过改变复合材料中增强体的含量，可以调整复合材料的热膨胀系数。例如，在石墨纤维增强镁基复合材料中，当石墨纤维的含量达到48%时，复合材料的热膨胀系数为零，即在温度变化时其制品不发生热变形。

(4) 良好的化学稳定性。聚合物基复合材料和陶瓷基复合材料具有良好的抗腐蚀性。

(5) 良好的抗疲劳、蠕变、冲击和断裂韧性。由于增强体的加入，复合材料的抗疲劳、蠕变、冲击、断裂韧性等性能得到提高，特别是陶瓷基复合材料的脆性得到明显改善。

(6) 良好的功能性能。良好的功能性能包括光、电、磁、热、烧蚀、摩擦、润滑等性能。

二、常用复合材料

1. 纤维增强复合材料

碳纤维增强复合材料中碳纤维的主要用途是与树脂、金属、陶瓷等基体复合，制成结构材料。碳纤维增强环氧树脂复合材料，其比强度、比模量综合指标，在现有结构材料中是最高的。在密度、刚度、重量、疲劳特性等有严格要求的领域，在要求高温、化学稳定性高的场合，碳纤维复合材料都颇具优势。由碳纤维和环氧树脂结合而成的复合材料，由于其比重小、刚性好和强度高而成为一种先进的航空航天材料。碳纤维增强的复合材料可用做飞机结构材料、电磁屏蔽除电材料、人工韧带等身体代用材料以及用于制造火箭外壳、机动船、工业机器人、汽车板簧、驱动轴等。

2. 层叠复合材料

工业上用的层叠复合材料是用几种性能不同的板材经热压胶合而成，广泛用于要求材料具有高的强度、耐蚀、耐磨的场合，有装饰及安全防护等用途。层叠复合材料分有夹层结构的复合材料、双层金属复合材料、塑料—金属多层复合材料，如夹层复合材料已广泛应用于航空、船舶、火车车厢、运输容器等。

3. 粒子增强复合材料

粒子增强复合材料是由一种或多种颗粒均匀地分布在基体中所组成的材料。粒子其增强作用高，一般粒子直径在0.01～0.10μm范围内，已获得最佳增强效果。根据需要不同，加入金属粉末可增强导电性；加入Fe_3O_4粉末可改善导磁性；加入MoS_2可提高减摩性；而用陶瓷颗粒增强的金属基复合材料具有高的强度、硬度、耐磨性、耐蚀性和小的膨胀系数，可用来制作刀具、重载轴承、高温材料等。

常用复合材料种类、特性及应用见表 11－4。

表 11－4　　常用复合材料种类、特性及应用

<table>
<tr><th colspan="2" rowspan="3">增强体</th><th colspan="8">基体</th></tr>
<tr><th rowspan="2">金属</th><th colspan="5">无机非金属</th><th colspan="2">有机材料</th></tr>
<tr><th>陶瓷</th><th>玻璃</th><th>水泥</th><th>碳素</th><th>木材</th><th>塑料</th><th>橡胶</th></tr>
<tr><td colspan="2">金属</td><td>金属基复合材料</td><td>陶瓷基复合材料</td><td>金属网嵌玻璃</td><td>钢筋水泥</td><td>无</td><td>无</td><td>金属丝增强塑料</td><td>金属丝增强橡胶</td></tr>
<tr><td rowspan="3">无机非金属材料</td><td>陶瓷纤维粒料</td><td>金属基超硬材料</td><td>增强陶瓷</td><td>陶瓷增强玻璃</td><td>增强水泥</td><td>无</td><td>无</td><td>陶瓷纤维增强塑料</td><td>陶瓷纤维增强橡胶</td></tr>
<tr><td>碳素纤维粒料</td><td>碳纤维增强金属</td><td>增强陶瓷</td><td>陶瓷增强玻璃</td><td>增强水泥</td><td>碳纤维增强碳合金材料</td><td>无</td><td>碳纤维增强塑料</td><td>碳纤碳黑增强橡胶</td></tr>
<tr><td>玻璃纤维粒料</td><td>无</td><td>无</td><td>无</td><td>增强水泥</td><td>无</td><td>无</td><td>玻璃纤维增强塑料</td><td>玻璃纤维增强橡胶</td></tr>
<tr><td rowspan="3">有机材料</td><td>木材</td><td>无</td><td>无</td><td>无</td><td>水泥木丝板</td><td>无</td><td>无</td><td>纤维板</td><td>无</td></tr>
<tr><td>高聚物纤维</td><td>无</td><td>无</td><td>无</td><td>增强水泥</td><td>无</td><td>塑料合板</td><td>高聚物纤维增强塑料</td><td>高聚物纤维增强橡胶</td></tr>
<tr><td>橡胶胶粒</td><td>无</td><td>无</td><td>无</td><td>无</td><td>无</td><td>橡胶合板</td><td>高聚物合金</td><td>高聚物合金</td></tr>
</table>

参 考 文 献

[1] 刘德力. 金属材料与热处理. 北京：科学出版社，2009.
[2] 侯旭明. 热处理原理与工艺. 北京：机械工业出版社，2010.
[3] 李献坤，杨月祥. 机械制造基础. 2版. 北京：中国劳动社会保障出版社，2010.
[4] 罗国民. 金属材料与热处理. 重庆：重庆大学出版社，2007.
[5] 高朝祥. 金属材料及热处理. 北京：化学工业出版社，2007.